服装与气候

[日]田村照子 著

竹潇潇 张 辉 杨 智 译

U0217152

中国纺织出版社有限公司

内 容 提 要

　　服装功能与舒适性是目前服装工程研究领域的一个热点。随着生活水平的不断提高，大众对服装的需求已不仅仅是防护、漂亮与时尚，对服装功能的需要越来越强烈，尤其是对日常服装及运动服装的功能及舒适性的需求日益增强。本书以服装内微气候为对象，从人体生理、服装及材料、环境条件三个方向介绍服装的舒适性及研究方法。

　　本书适合服装功能与舒适性领域的研究者阅读，也可供服装设计师、时尚爱好者以及气候研究者阅读，帮助其从不同的角度了解服装与气候之间的关系。

原文书名：衣服と気候
原作者名：田村照子
IFUKU TO KIKO by Teruko Tamura
Copyright © 2013 Teruko Tamura
All rights reserved.
Original Japanese edition published by SEIZANDO–SHOTEN
PUBLISHING CO., LTD.

Simplified Chinese translation copyright © 2024 by China Textile &
Apparel Press
This Simplified Chinese edition published by arrangement with SEIZ–
ANDO–SHOTEN PUBLISHING CO., LTD., Tokyo, through Honno Kizuna,
Inc., Tokyo, and Shinwon Agency Co. Beijing Representative Office, Beijing
著作权合同登记号：图字：01–2024–6128

图书在版编目（CIP）数据

　　服装与气候 /（日）田村照子著；竹潇潇，张辉，杨智译 . –– 北京：中国纺织出版社有限公司，2024.12. ––（国际时尚设计丛书）. –– ISBN 978-7-5229 -2397-0

　　Ⅰ. TS941.2；P46
　　中国国家版本馆 CIP 数据核字第 202401HW17 号

责任编辑：张艺伟　　责任校对：高　涵　　责任印制：王艳丽

中国纺织出版社有限公司出版发行
地址：北京市朝阳区百子湾东里 A407 号楼　邮政编码：100124
销售电话：010—67004422　传真：010—87155801
http://www.c-textilep.com
中国纺织出版社天猫旗舰店
官方微博 http://weibo.com / 2119887771
三河市宏盛印务有限公司印刷　各地新华书店经销
2024 年 12 月第 1 版第 1 次印刷
开本：710×1000　1/16　印张：11.25
字数：172 千字　定价：69.80 元

"让我们再一次思考，为了使人类舒适地生活于地球上的各种气候环境中，服装发挥了什么样的作用。"

——文化学园大学教授　田村照子

田村老师认为，"舒适服装设计的根本是对人类本身的研究。仅凭材料和设计等服装领域的知识是不能得出正确答案的"。那么，她如何看待人与环境之间的关系呢？她认为服装在各种环境下应该如何发挥作用呢？

田村照子（Teruko Tamura）

文化学园大学教授

毕业于御茶水女子大学研究生院，曾任顺天堂大学解剖学教室助教，1968 年成为文化学园大学教师，现任文化学园大学研究生院生活环境学研究科科长，兼任文化·衣环境学研究所所长；医学博士（东京医科齿科大学）；美国堪萨斯州立大学访问学者；负责日本放送大学"探究着装感觉""亚洲的风土与服饰文化"等系列内容，研究内容是"与服装舒适性、功能性相关的生理学、人体工学研究"；所属学会有日本家政学会（名誉会员）、纤维学会、日本纤维制品消费科学会（理事）、日本气象学会、人类—生活环境学会（顾问）等；著有《服装卫生学基础》（日本文化出版局出版）、《服装科学系列·服装环境科学》（株式会社建帛社出版）等多部著作。

气候与民族服装之间的关系

——这本书的制作周期值得一提，从构思开始至今足有 6 年。通常，专著领域的书籍比一般市场书籍的编著时间更长，这本书的制作周期也很长，它就像是一部倾注了很多心血的电影作品。

田村照子（以下简称田村）　从构思到现在，真的已经过了 6 年。这完全归咎于我的怠慢，给包括责任编辑在内的许多人添麻烦了。

——可是，您在这期间所做的研究和实验成果被大量地引用进来，使书的内容更加充实，不是吗？

田村　我很感谢您能这样说。确实，在这 6 年里，我负责日本放送大学"亚洲的风土与服饰文化"系列，并参与编写了一些书籍和百科辞典，此外，由于"清凉商务"（Cool Business）理念的流行，我还合作参与了相关电视节目录制、演讲、采访等活动。我希望我在每个制作阶段的思考和积累能够反映在这本书里。

——这本书充满了让读者觉得"原来如此""是这样啊"之类对日常经历感到认同的有趣信息。其中，关于民族服装的描述最容易让读者理解气候与服装之间的关系。据说，民族服装是该民族生活区域的气候和风土的鲜明反映……

田村　民族服装的学术定义并不十分明确，但基本上是指从 19 世纪末到 20 世纪初穿着的服装，也就是说，在所谓的"洋装"席卷世界之前的服装被作为各地区的民族服装确立并传承下来。那时候空调等电器还没有在全世界普及，所以民族服装自然而然地反映着气候。

——民族服装也随着时代而变化吗？

田村　正如服装史所讲述的那样，服装反映着时代特征和社会文化并不断地变化。我受日本放送大学的采访而探访越南的山岳少数民族村庄时，发现所有村民——下至 3 岁孩童，上至 70 岁老者——几乎都穿着设计相同的民族服装，我对此记忆深刻。然而，这个村庄里看似一成不变的民族服装，也在文明进程的影响下，从手工编织、手工染色变成了机器编织、机器印染，从天然纤维变成了合成纤维。此外，在多个部落相互接触的地区，人们相互影响着，头饰的设计和佩戴方法等也发生了微妙的变化。如今博物馆等场所展示的民族服装，总的来说多是特定时代或社会的上层阶级人士的服装，材质、染色、刺绣等也属上乘，形式多为长期传承下来的珍品，可以说是各个社会或时代的代表。

谈到变化，您知道越南著名的民族服装"奥黛"（Ao Dai）是 18 世纪时登基的国王为了民族统一而制定的吗？虽说是民族服装，但也有很多是像这样出于政治目的被创造出来的，无论如何，离开了与社会的关系，民族服装就无从谈起。

——您对日本的民族服装有什么看法？

田村　日本原本是"麻之国"。丝绸从中国传入日本是在公元 2 世纪前后，此后贵族阶级开始使用丝绸，但一般平民即便是在诸如东北地区这样寒冷的地域也只能使用麻。平民将布层层重叠缝制以抵御寒冷并使其耐用，在平民的生活智慧与审美意识相互融合的基础上，美丽的"刺子绣"（日语为 Sashiko，用白线在靛染蓝布上刺绣的简单图案）文化就这样诞生了。柔软而温暖的棉花是在室町时代传入的，羊毛则是在明治时代传入的。如今说起日本的民族服装，人们就会想到和服，美丽的染织花纹丝绸制成的和服搭配宽幅腰带，但遗憾的是，它很难在日常生活中独立穿着，需要别人帮忙，而且与其他民族服装一样，很少在婚礼、葬礼等仪式场合之外穿着。从行动的便捷性和气候的适应性等方面来看，我认为战国时期安土桃山时代前后的按身长缝制的和服作为民族服装比较好……

——有人提到，随着与其他民族的交流以及文明的进步，民族服装也发生了变化。全球化使民族服装发生了怎样的改变呢？

田村　20 世纪，在现代化的潮流中，服装在世界范围内变得统一化、同质化。例如，按照原始生活方式生活的民族，由于接触宗教文化而穿上了 T 恤和裤子；在亚热带的东南亚地区，商务人士把西装配领带和裤子当成制服一样穿着。推动其形成的是交通、信息和物流的全球化，而空调技术的发展使之成为可能。然而，环境问题随之浮出水面。

——原来是这样啊，"清凉商务"运动便开始了。谁又能知道今后会怎样呢？

服装将从本土化走向全球化，再走向全球本土化

田村　随着信息、物流、经济的日益全球化，企业目标也变得更具全球视野。在服装业发展的初期阶段，多数服装企业的企业目标曾是"用尽可能廉价的材料，大量制造好的产品，并低价出售"。然而，无论世界是同质化还是全球化，仅凭这一点都是行不通的。因为在全球范围内，无论是环境气候还是包括宗教信仰在内的文化都是不统一的。

——需要迎合使用者的价值观吗？

田村　曾经有一家日本服装企业在中国市场经历了惨痛失败，失败的原因是颜色，他们深刻认识到日本人喜欢的颜色和中国人喜欢的颜色存在差异。

——必须考虑到生意对象国的人民拥有什么样的文化，过着什么样的生活，喜欢什么样的色彩。

田村　就是这样啊。现在，日本的服装产业拥有先进的技术，为了让这些技术有助于生活在各种环境中的人们，我们需要拥有全球化时代特有的本土化以及全球本土化的视角。如果这些技术能够兼顾世界各国的风土、气象以及居住在那里的人们的文化和情感，做出的服装能够帮助人们不依赖于空调而舒适地生活，那将是非常美好的。

持续 200 年以上的"着装准则"也出现了变化的迹象

——如果适应气候的理念能在各个地区的服装上留下地域色彩和个性就好了。

田村　从个性化方面来说，气候和气象也对着装准则的灵活性产生较大的影响。目前，欧式着装准则在世界范围内流行，但"清凉商务"和"超清凉商务"的着装理念让这种情况出现了改变的迹象。另外，从体温调节和气候适应性的角度来说，如在日本，和服仍然具备适应日本气候的条件。除了腰带外，裙裤与和服的裁剪都是直线型的，不讲究贴身，而注重透风且易叠穿，适合温湿度变化较大的日本。虽然在日本，人们极少在日常生活中穿着和服，但在世界的有些地方，人们在任何场合都会穿着民族服装，其中虽然有宗教的因素，但也符合气候适应的需求。

受"西化"影响而改变原有文化的区域，也许是时候重新审视自身的服装文化了。我认为在不过度依赖能源的生活以及共同面对环境问题方面，在全世界范围内达成一致是非常重要的。

必须综合生理学、工程学等学科来讨论服装的舒适性

——我认为本书的特点之一是，您并不是从目前主要关注的服装学科领域单一地阐述"应该是这样"的结论，而是综合生理学、工程学、建筑学等多种学科，具体讲述服装"这种状态不是更舒服吗"。

田村　我在大学主修服装学，但我的恩师是一位医学博士，他认为服装设计的基础是人体。因此，在完成硕士学业后，我作为顺天堂大学解剖学教室的助教学习了解剖学，并作为专业生在东京大学和东京医科齿科大学学习了生理

学和卫生学。另外，在后来的学术活动中，我从1967年"人类生活环境研究学会"成立之初就参加了该学会，来自医学、服装学、建筑学、环境工程学等领域的专家和企业家齐聚一堂，真可谓是跨学科研究的最佳地方。例如，在思考人类所处空间的舒适性时，建筑学相关的研究人员会从建筑的结构、供暖和制冷等方面进行思考，我则从服装领域的角度发言，从事医学专业的研究人员则从体温、中暑等人体生理的角度发言。讨论的深度与单学科学会不同，这让人很兴奋。

　　——这种经历是否会反映在您的研究中呢？

　　田村　是的。这让我学习到，只有以人体在各种环境中的生理和心理反应为基础，才能更好地讨论服装舒适性的问题。我真切地感受到，正如我的恩师所说的那样，对服装的研究正是对人体的研究。

通过对环境的关怀得出对"未来服装"的构想

　　——在餐饮店等流通企业的营业现场采访时，经常会讨论顾客在商店里的舒适度问题。最近，许多公司只靠兼职店员来经营店铺，解决店铺内的温度问题似乎显得尤为困难——顾客和店员的温度感知之间通常存在差异，店员会在店内来回走动，所以很热。例如，在夏天，他们总想把空调调到较低的温度。但是，如果顾客穿着轻薄的夏装进店，就会觉得店里的温度太低了。这是一个既旧又新的课题，正是流通企业面临的一个重要问题。

　　田村　也有相反的观点呢。有个学生认为，餐饮店兼职女学生的制服是短袖和短裙，为了让顾客从炎热的室外进店消费，必须降低温度设置，但对于长期待在那里的服务员来说太冷了。那个学生把这种情况作为毕业论文的课题进行了研究。

　　——原来如此，真是反差啊。

　　田村　有人怕热，也有人怕冷，这种情况下的环境设定很难。建筑系的研究人员认为，空调的温度设定只要让80%的人满意就可以了。

　　——很遗憾，这并不能算真正地解决问题。

　　田村　所以，我在本书中也建议，"比起给大空间进行温度调节，给距离人更近的空间进行温度调节不是更好吗"，这就是本书的最后一部分对"未来服装"的构想。近年来的观点一般主张在大空间里安装加热器、使用冷气设备等，运用技术来创造人类的舒适感。但是，通过服装进行调节不仅能耗低，也能够适应个体差异。在此，我对汇聚技术之精华的轻量、舒适、便携的"未来服装"抱有期待。

——随着人们对环境问题的认识越来越深刻，这样的想法变得越来越容易被接受，并不是所有事物都是大规模就是好的，今后时代所追求的方向也许是"低成本获得舒适感"。

注：以上采访省略敬称。

采访者：日本成山堂书店　青柳文信

序　服装是一种可随身携带的微环境

通常我们在早上出门前，会思考今天的日程安排，如在什么样的场合遇到什么样的人，应做些什么，也就是说，我们会通过"TPO原则"［T（Time，时间），P（Place，地点），O（Ocassion，场合）］来选择所要穿的服装。同时，我们还会查看当天的天气预报，根据天气、花粉、紫外线、日照等信息，考虑是否应该携带伞、围巾、口罩、帽子等配件。调查显示，许多人会通过关注夏季的当日最高气温、冬季的当日最低气温、春秋季的气温差，来决定当天着装的材质、形式、搭配。

服装绝大多数时候都包裹着人们，因此 M. 霍恩等（1981）将服装定义为"取代我们在进化过程中脱去的毛皮的第二层皮肤"，另外，S. 沃特金斯（1985）将服装定义为"可随身携带的最接近人类的微环境"。

服装包裹着人体，通过在服装和皮肤之间形成的"微气候"（服装气候）来控制人体的内部环境。通过服装进行环境控制的特点如下。

（1）个体调节。

（2）可以随人体携带到任何地方，对于在自然环境中劳动或活动的人来说，这是唯一的环境控制手段。

（3）通过简单的穿脱，就可以很容易地适应外部环境的变化以及身体活动水平这一内部环境的变化，而且，它给环境带来的影响较小，与其他能源相比价格低廉。服装可以说是人类适应气候的最重要的手段。

另外，服装与建筑、供暖或制冷等环境控制方法最显著的不同之处在于，穿服装的目的不仅是适应气候，还表达了穿戴者的社会背景、活动和个人喜好等文化特征，也就是说，服装具有向他人或社会传达某些信息的符号功能。服装由个人穿着，反映他们的年龄、性别、所处的社会和时代、生活方式等，并表现他们的情感。即便在相同的环境条件下，也较少看到两个穿同样服装的个体，这正反映了服装的这些特质。

对于生活在现代社会的人们来说，穿服装的目的分为以下几类。

（1）生理卫生方面：防寒、防暑、防雨等，辅助适应自然环境的气候。

（2）生活活动方面：辅助进行工作、休养、运动等生活活动。

（3）类别标识方面：表现穿戴者的隶属关系、职业、角色等，有助于维持社会秩序的同时，展现集体凝聚力。

（4）社交礼仪方面：展现社会生活中的礼仪、品格、心情等，促进社会人际关系和谐。

（5）装饰审美方面：表现自我在兴趣爱好等方面的个性、认同感、优越性、合群性等。

（6）扮装拟态方面：为了扮演他人而进行的变装、化装、伪装等。

20世纪科学技术的迅速发展为人们的生活带来了便利和舒适，人们日常生活中的大部分时间都是在舒适的人造环境中度过的。这使服装适应气候的功能变成次要，而服装作为展示社会地位、阶级、审美和个性主张的一种信息手段，在现代社会中的时尚性功能日益增加。

然而，随着全球环境日益变暖，为了减少能源消耗，日本政府在2005年建议将办公室温度设定为夏季28℃，冬季20℃，并建议人们穿着能够在该环境下舒适工作的服装，鼓励"清凉商务"和"暖装商务"。在此之前，商务人士们一直严格遵守衬衫、领带、西装的着装规范，但从2005年以后，夏季轻装化趋势逐渐发展，2011年3月11日发生的东日本大地震和核电站事故则推动了着装规范的进一步变化。

在不久的将来，全球能源环境将面临包括远离核电等在内的更大挑战，重新审视依赖空调的生活方式，以及通过服装来适应气候将变得越来越重要。服装是"可随身携带的最接近人类的环境"。于是，本书首先从"人类作为一种生物，能够在什么程度的气候范围内不着装生活"这一问题开始，再到各种气候与服装有什么关系；冬天为什么脸露在外面不冷，但躯体露在外面就很冷；人体是否有冷时保暖和热时降温的穴位；服装的材质和形状与服装的气候适应性有什么关系等，思考以人体温热生理反应为基础的服装气候适应性及其研究方法和未来的发展方向等。

目录

第 1 章　服装的起源

1.1　人类——"裸猿"学说

D. 莫里斯在著作《裸猿》（*The Naked Ape*）中写道："如果将 192 种现存的猴子和类人猿的皮肤排成一列，并将人类的皮肤放在其中，你会发现这种灵长类动物不仅有着不同的基本体形，还有着另一个足以让人惊呼的特征——皮肤是赤裸的。这个新物种被命名为'裸猿'更贴切（日高敏隆译）。"从树上到地面，从热带森林迁移到热带草原，我们的祖先为什么会失去体毛，学术界对此有多种学说。莫里斯认为，人类开始狩猎生活后，即便在高温烈日下也必须继续追逐猎物，为了避免体内产热而导致体温上升，他们放弃了体毛，并且，为了利用体表蒸发散热，汗腺变得发达。另外，据推测，处于怀孕期和育儿期的女性，皮下会形成绝热性高的脂肪以防止体温下降，几乎没有体毛和出色的排汗能力。这两种研究突出体现了人类的气候适应能力，构成了下文思考服装与气候之间关系的基础。

> ### D. 莫里斯

1928 年生，英国动物学家。他将人类定义为"一个特殊的物种"，从动物学家的角度观察人类行为，为"以人为本"的价值观敲响了警钟。其著作《裸猿》是全球畅销书。

1.2　服装的起源——先防寒还是先装饰身体？

人类在何时出于何种动机穿着服装是一个谜题，关于服装的起源，人们提出了气候适应说、装饰说、防护说、活动适应说、服装羞耻说、标识识别说等各种各样的学说。其中，服装羞耻说等被认为可能是在人类穿衣行为确立之后出现的一种新的着装情感而不是起源说。把服装称为"第二层皮肤"的 M. 霍恩等认为，猴子向人类进化的舞台是热带雨林或热带草原，适应热带环境的人类失去了体毛，出汗能力增强，但他们随着地球气候变化而迎来了冰河期，于是将动物毛皮穿在身上，这种用来防寒的第二层皮肤就是服装的起源。

根据霍恩的说法，服装起源大概可以追溯到 30 万年前，至少可以确定追溯到 5 万年前的智人种——尼安德特人。从距今 5 万年前的尼安德特人的居住遗迹中，发现了石刀和骨制刮刀等佐证皮革鞣制作业的工具，这为气候适应说提供了强有力的证据，霍恩等推测，他们的服装文化是从生活在更加寒冷环境中的原始人那里学习的。另外，这个洞穴内还发现了红色和黄色的颜料，在距今 3.3 万年的克罗马农人的洞穴中，与毛皮制成的服装一同发现的还有狐狸牙齿制成的项链和猛犸象牙制成的手镯等装饰品❶。由此可以认为，用服装来装饰身体这一目的，从服装文化的诞生之初就是明显存在的（图 1-1）。

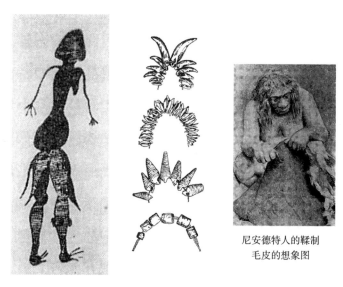

尼安德特人的鞣制
毛皮的想象图

图 1-1　服装的起源——使用毛皮是用来适应气候还是装饰身体?

图片来源：芝加哥菲尔德自然历史博物馆

日本人类学家近藤四郎指出，在旧石器时代晚期，以及距今 8 万年前到 1.1 万年前的欧洲维尔姆冰期，从法国到西班牙北部，再从意大利到哈萨克斯坦乌

---

❶ 此处文字仅作为考古知识讲解。如今在动物保护等活动的推动下，我国《毛皮野生动物（善类）驯养繁育利用技术管理暂行规定》《皮革和毛皮市场管理技术规范》等行业规范要求毛皮动物处死应采用安全、人道、环保的方法，其目的是促进裘皮业的规范科学发展。——出版者注

拉尔地区的洞窟壁画和线描画中都可以看到服饰的存在，出土遗物包括项链、维纳斯像、雕刻在猛犸象牙上的全身覆盖毛皮的人物像、骨针等，其中，用针和动物肌腱缝制的毛皮服装的存在表明了防寒（环境适应）需求，项链等物品的存在表明了身体装饰（包括祭祀活动等）需求，从中可以看出两者共存。人们用表示"人"的意思的词语来表示部族，如北极地区的因纽特、阿伊努的乌塔利、非洲的班图等，相反，给其他部族的命名则带有野兽偏旁的称呼，近藤从这个事例认为，穿衣行为可能包含了人类对自己或部落自豪感的表达。他还论述称，戴项链或头饰等装束是群体中地位较高的成员或特殊职能人员的象征，后来逐渐普及了整个群体。

从服装的起源到今天，适应环境的需求和装饰身体的需求，两者不断地共存、对抗，根据环境、社会和时代的不同，产生了各种各样的服装形态。这就是为什么见到历史上出现过的服装和各地的民族服装，我们可以很容易地分辨出它属于哪个时代和地区。

M. 霍恩

美国文化人类学家。1968 年出版了《第二层皮肤》，他将服装定义为"第二层皮肤"，并指出穿衣着装的动机是：①装饰；②文明；③表现身体；④保护身体。

近藤四郎（1918—2002）

人类学家，日本京都大学灵长类研究所第一任所长，他在《日本人的脚将变得孱弱》一书中指出了过于便利的生活方式的隐患。

第 2 章 现代社会中服装与气候之间的关系——来吧,一起街角观察

2.1 初步预测

东京作为一个世界时尚之都,和巴黎、米兰、纽约等城市一样有着许多顶级品牌。在东京,即使是夏天,也有穿西装、系领带的商务人士;即使是冬天,大街上也有穿着短裙和高跟鞋的白领。我通过一个专门研究住居学的朋友三浦丰彦那里了解到,"如果空调普及到一定的程度,那么服装的主要功能就会演变为时尚性,气候调节就会交给'居住方式'"。

事实上,根据三浦的说法,在第二次世界大战后的 50 年间,日本人的最佳居住温度为 16~18℃(1949 年测)、20~22℃(1960 年测)和 21.5~25℃(1973 年测)。在这样的背景下,办公室自不必说,家用空调似乎也非常普及了。到 1980 年,根据记载,家用煤油炉的普及率为 91.5%,室内冷气空调普及率为 100%,室内暖气空调普及率为 39.2%,此后,空调的普及范围处于持续扩大中。1960 年以后,冰箱、空调、照明用电量的显著增长也同时验证了这一点。图 2-1 是 1972~2003 年家庭用电量的增长情况。

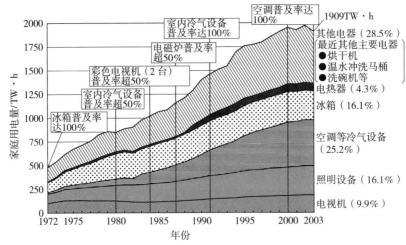

图 2-1　1972~2003 年家庭用电量的增长情况

注　( )内的数字是 2003 年度实绩的构成比。由于四舍五入,总值可能不一致。本次调查于 2003 年完成。

住居学

从居住者的角度研究住房的家政学的一个学科领域。

最适温度

最适合居住者和从业者的室温，其数值的确定主要有以下三种思维角度：①生理荷重相对低的中性温度；②给人一种感觉舒适的温度；③使人工作效率最大化的温度。

三浦豊彦（1913—1997）

劳动科学研究所副所长，《劳动与健康史》一书的作者。

2.2　开启探索之路吧！

从专门研究服装环境并始终教导学生"服装是适应环境的最有效手段"的老师的立场来看，对于"服装和气候变化实际上几乎没有关系"的理论，我不能妥协地说"是吗"。2001 年 4 月，我在文化学园大学研究生院教授硕士的课程中，当我说到"人与环境的关系，时尚性和气候适应性，哪个对人们的着装方式有更大的影响，如果通过定点观察行人 1 年的话得出的结论会很有趣吧"时，近野、冈本和牧野 3 名学生立即回应道："似乎很有趣呢。"于是我们马不停蹄地用少量的劳务费用，为这个"街角观察"项目制订了一个实施计划。随后我立即购入了一台稍贵的专用数码相机，接着，我询问了位于新宿南口十字路口拐角处的某家快餐店并得到他们的同意，可以在这家快餐店二楼每 10 天使用 1 小时左右俯瞰十字路口的座位。当然，他们也为我们提供了汉堡和饮料。

服装环境学

把服装看作最接近人类的环境，研究有助于人类健康和幸福的理想服装环境的领域。

2.3 观察行人一年的时间

新宿站除了位于 JR 山手线、JR 中央线和地下铁丸之内线的交通线路上外，也是私营地铁小田急线、京王线、西武新宿线的始发站，一天的乘客数量约 300 万人，是日本最大的站点。我们的观察点设置在连接车站和副都心方向的交通繁忙的十字路口，就这样开始了每隔大约 10 天一次的定点观测，经历了夏天的酷暑和冬天的寒冷（因为有伞的遮挡，所以下雨天气很难观察），观察时间段定在下午 2 点开始的 30 分钟内，即尽量避免每天可能有同一个人经过的通勤时间和午餐时间，且会有尽可能多地不同的人经过（图 2-2）。一个画面拍摄约 10 人，每个观察日随机拍摄 30 张，得到总计 300 名受试者的照片。幸运的是，日本国土环境株式会社允许我们在同日同时刻使用新宿的气象数据。另外，在本项目实施过程中，当时攻读文化学园大学博士学位的丸田先生对此很感兴趣，并且加入了这个项目，负责分析和统计数据。2002 年 5 月末，我们完成了从 2001 年 6 月 12 日起一年内共计 10831 人（其中男性 7132 人，女性 3699 人）的数据收集。

图 2-2　街角观察

在进行分析时，选择了在照相画面中从头到脚清晰拍摄的人为分析对象，根据制定的一系列规则，从性别、最外层的服装类型、上衣长度、袖子长度、下衣长度等方面生成数据，将每个观察日的受试者总数作为计算的分母，计算每种服装的穿着率。服装类别共 53 种，其中上衣及上下连体装 29 种，下装 9 种，饰品 15 种。图 2-3 是拍摄的照片及编号，表 2-1 为记录纸上的条目示例。

图 2-3　街角观察拍摄照片、编号示例图

表 2-1　街角观察记录条目示例表

受试者编号	性别	着装																				
		短外套			衬衫				开襟毛衫			防风外套	裙子			裤子			鞋			
		LS	HS	SS	LS	HS	SS	NS	LS	HS	SS		短裙	中长裙	长裙	短裤	中长裤	长裤	乐福鞋	运动鞋	浅口皮鞋	凉鞋
5-1	女											1					1				1	
5-2	女	2												1								1
5-3	男						1											1	1			
5-4	男	2																1	1			
5-5	女	2													1						1	
5-6	女	2																	1			
5-7	男					1													1		1	
5-8	男						2												1		1	
5-9	女	2															1					1
5-10	女										2						1					1

注　LS：长袖；HS：半袖；SS：短袖；NS：背心。

2.4 各类服装穿着率的年度变化情况

一起看看调查结果吧。当我们按性别来计算当天行人中各类服装的穿着率在一年内的变化时，如短外套、短袖衬衫、大衣等，根据服装的类型不同，有些受季节影响很大，有些全年变化不大。图 2-4 显示了不同类型服装穿着率的年度变化，以穿着率较高的服装类型为调查对象，横轴为观测日期，纵轴为穿着率。

上衣穿着情况呈现出非常明显的季节变化。夏季，男性穿着短袖衬衫，女性穿着短袖衬衫和背心的比例较高。到了 9 月，男女都开始穿长袖衬衫和短外套，11 月开始穿运动外套，12 月开始穿大衣的比例急剧上升。到了第二年 3 月，大衣的穿着率大幅下降后，短外套和长袖衬衫的穿着率再次增加。短袖衬衫在 5 月开始出现。总体而言，女性的服装类型较多，但男性和女性的季节变化趋势几乎相同。

在下衣穿着方面，4.4% ~ 18.1% 的男性夏季穿及膝裤，其他季节几乎都穿长裤。服装的外形或许看起来一样，但可以认为服装的厚薄是根据季节变化的，很遗憾我们在拍摄的照片上无法确认这一点。女性在夏季穿及膝裤的比例为 6.0% ~ 17.8%，长裤平均穿着率夏季为 46.6%，秋季为 57.9%，冬季为 63.8%，春季为 59.8%，冬季长裤的穿着率要高于夏季。裙子的年平均穿着率为 33.0%，当年 11 月至第二年 3 月紧身袜的穿着率变高。

在配饰方面，当年 11 月至第二年 2 月，男女围巾的使用率均较高，特别是女性的使用率在 1 月占比高达 43.5%。此外，女性在夏天会使用遮阳伞和防晒帽，冬天会戴针织帽和手套，以应对炎热或寒冷的天气，而男性平均每年只有大约 5% 的比例戴帽子。关于鞋类，男士皮鞋和运动鞋的穿着率几乎各占一半，夏天可以看到一些男士穿凉鞋，冬天可以看到一些男士穿靴子，其他季节的变化不大。女性夏季穿凉鞋，冬季穿靴子的比例明显较高，而春秋两季穿皮鞋的比例高。

总的来说，可以看出，女性正在根据季节变化以多种方式来丰富自己的服装类型（图 2-5）。

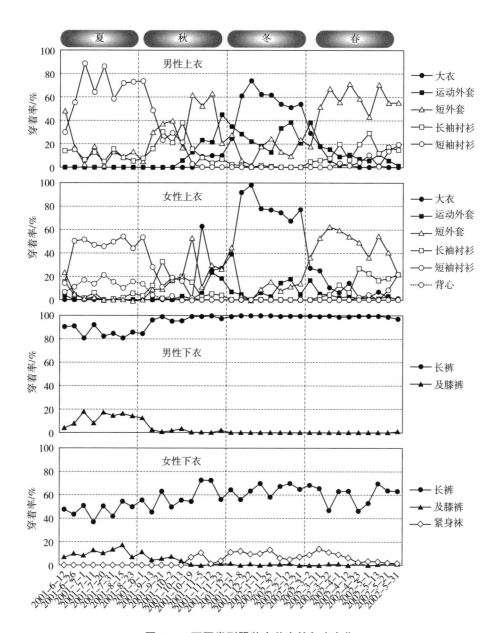

图 2-4 不同类型服装穿着率的年度变化

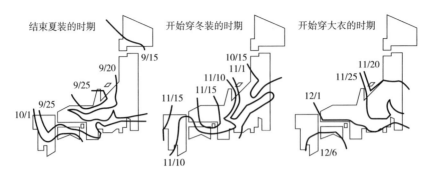

图2-5 换衣"前线"（大后美保，1977）

注 "前线"指的是冷暖气团与地面的交界线，为日本的气象用语。

创建最新的换衣"前线"

在街头观察刚开始时，我们虽然也会怀疑这一努力会有多大的回报，但好在季节变化比预想的还要多，因此我们认为大后先生的夏服"前线"、秋服"前线"、冬服"前线"、春服"前线"的最新预测也是有可能的。

2.5 日平均气温与服装穿着率之间的关系

根据气象数据，我们调查了观察日的平均气温与各类服装穿着率之间的关系，根据服装类型表现为三种模式（图2-6）。

大衣等冬装随着气温下降，其穿着率升高，短袖衬衫等夏装随着气温上升，其穿着率升高。短外套等组合服装的穿着率呈"凸"状分布，峰值在15℃左右。

首先，随着气温上升穿着率增加的服装，换句话说，与气温成正比的服装是半袖衬衫、及膝裤、凉鞋、背心等，这些都是夏季服装，因此推测夏装开始穿的温度约为18℃。反之，随着气温下降穿着率增加的服装，即与温度成反比的服装是大衣、运动外套、长裤、围巾、针织帽、紧身袜、靴子等冬季服装。女性开始穿冬装的温度是18℃，男性是15℃左右。另外，春秋服装，如短外套、长袖衬衫、5~7分袖衬衫和长袖开衫，在中等气温条件下穿着率达到峰值。

根据穿长袖和短袖（包括背心）服装的比例与气温的关系，从两条回归线的交点来看，就短袖服装比长袖服装更常见的温度而言，男性为23.0℃，女性为 21.1℃，在该气温以下，长袖穿着者的数量超过了短袖穿着者的数量。看起来边界气温有点低，不过这和日平均气温有关，白天的气温应该比以上气温高。

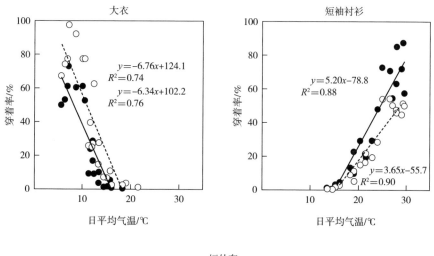

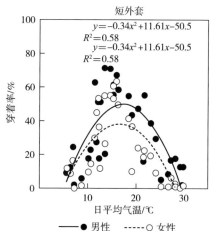

图 2-6　日平均气温和各类服装的穿着率之间的关系图（田村和丸田，2004）

销售预测的应用

空调等季节性产品，以及啤酒、冰激凌等季节性食品，每年都会根据季节性气象预报进行销售预测。由于许多服装也是季节性商品，除了预测服装流行的颜色和设计外，还可以将这种季节性气象数据应用于销售预测。

2.6 即使是同样的气温，暖季（春季）和冷季（秋季）哪个季节穿得更厚？

以往，即使在相同温度下，人们春季和秋季的穿衣也会有所差异。因此，将一年分为暖季（2月中旬至8月中旬）和冷季（8月中旬至次年2月中旬），从气温和穿着率的关系来看，即使气温相同，大衣、防风外套等冬装在冷季比暖季穿着率更高，而短袖衬衫和背心等夏装则没有差别。

关于这一现象，之前已经指出，如果是同样的气温，人们往往在秋季倾向于穿更轻便的服装，这得益于穿夏装的习惯，而在春季，由于冬季着装的习惯，人们更倾向于穿稍微厚重的服装。但是近年来有报道称，由于换衣习惯的减少，这种季节差异性消失了，春季和秋季的服装重量显示出几乎相同的数值。尽管本次研究的对象不是穿衣重量本身，但在冬季，将大衣和防风外套作为保暖衣物的穿着率在冷季显示出比暖季更高的倾向，这一结果与传统的研究结果相反。在大约40年前进行的一项调查中，安田等研究报告称，男性开始穿大衣时的室外温度为8.3℃（11月15日），女性为8.8℃（11月10~17日），穿着率的高峰为1月中旬至2月上旬。与此相反，在本次调查中，男性和女性都在室外温度12.5℃时（11月5日）开始穿大衣，12月22日，男女大衣穿着率达到峰值，尽管此后气温有所下降，但穿着率一直呈下降趋势。第一个因素是外套材料的多样化以及对时尚的季节性预见。第二个因素是人体生理对环境的适应，换句话说，冷季的大衣穿着率高表明人适应夏季后对寒冷的适应延迟，而暖季的大衣穿着率低则反映了经历整个冬季后适应寒冷的结果。

通过一年的街角观察，我们能够基本掌握部分现代日本人在城市生活的着装行为与气象条件之间的关系。随着服装多样化的发展，人们在现代社会失去了换装的习惯，办公室和住宅内的气温也因空调而得到改善，但人们在户外会根据季节变化更换服装，显示出不同服装种类的穿着率与气温有着很强的相关性。然而，从图2-6中短外套的穿着率来看，18%的男性在30℃的温度下穿短外套，这是根据商务人士的服装所要求的社会规范的一种例外。除此之外，人们不再受传统的社会着装规范的约束换装，而根据个人感觉来选择当天的服装。

对于这样的季节变化和穿着率的关系，2011年，大学院博士在读的李同学对季节变化与穿着率之间的关系进行了类似的调查，证实尽管气候条件不同，但它们绘制的曲线几乎相似（图 2-7）。

街角观察的再现性

图 2-7 比较了相隔 10 年（2001 年和 2011 年）调查的关于大衣、衬衫、短外套和短袖衬衫的年度穿着率变化的结果。考虑到年温差，可以认为街角观察的再现性是非常有意义的。

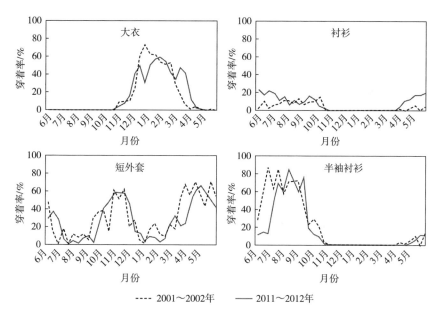

---- 2001～2002年　　—— 2011～2012年

图 2-7　10 年后穿着率季节性变化的再现性（李和田村，未发表）

与儿科医生的对话

最近孩子的身体变得虚弱，人们直觉上认为冬天更容易感冒，夏天更容易中暑。造成这种情况的主要原因被认为是由于暖气和冷气的普及导致室温的年变化很小，不过，6 月和 10 月的服装更替习惯也可能是一种因素。针对这样的结果，天气刚开始变热的时候，人们很快就换上轻薄的服装，天气刚开始有点冷的时候，人们又立马穿上较厚的服装。对话后，我们一致认为，在夏天来临之前，整个 5 月都穿上冬装来忍受炎热，9 月都穿轻薄服装的习惯可能有利于培养孩子的抗寒、抗热能力。

2.7 其他气象条件对穿着率有何影响?

上一节我们分析了日平均气温和穿着率的关系,那么,除了气温外的其他气象条件对穿着率有什么样的影响呢?我们观测了当天的各种气象数据,即调查了气温(观测时间、日平均值、日最高值、日最低值、观测日早晨、非闰年)、相对湿度(观测时间、日平均值、观测日早晨)、风速(观测时间、日平均值、观测日早晨)、日照时间(观测日、非闰年)、降水量(观测日、非闰年)、天气状况(当天白昼、前一天白昼、前一天夜晚)。其中,由于在观测时选择了雨天以外的情况,所以降水量和天气状况除外,使用包括其他气象数据和代表季节的虚拟变量(暖季设为 0,冷季设为 1)在内的总共 15 个解释变量进行多元回归分析。该方法按影响力降序的方式提取影响各类服装穿着率的气象因素,从而得到各因素的影响强度。如表 2-2 所示,对于长袖外套和长袖衬衫以外的服装,男女均以温度作为第一影响因素。但是,从气温的角度来看,大衣、围巾和靴子等冬季服装受早晨温度或日最低温度(以较低者为准)的影响较大,而短袖衬衫、背心、帽子、遮阳伞和其他夏季服装,受观测时刻(下午 2:00 至下午 3:00)的气温或日最高气温中较高的气温的影响较大,这种趋势在男性中尤为明显。关于第二个因素,对于男性来说,冬装受相对湿度和风速的影响较大,夏装受日照时间的影响较大,女性与男性相比,受冷季、暖季的季节因素影响要大于气象条件。季节因素体现了人们对季节具有的优先感,表明女性比男性对时尚更敏感,有更强烈地享受时尚的倾向。正如预期的那样,帽子和遮阳伞受到日照时间的影响。总体而言,与预期相反,湿度的影响较小。湿度对服装舒适度的影响被认为是由于服装面料的透气性、透湿性、吸水性、耐热性比服装类型有更强的影响。由于无法直观看到本调查中的服装材料,因此认为调查夏季服装时有必要对服装材料采取单独的观测方法。

表 2-2 影响服装穿着率的因素和累计贡献率(丸田和田村,2004)

男性	主要因素、累计贡献率					
	1		2		2	
大衣	气温(早上)	0.61	相对湿度(日平均值)	0.70	风速(观测时间)	0.73
防风外套	气温(早上)	0.66	风速(日平均值)	0.73	相对湿度(早上)	0.75
长裤	气温(观测时间)	0.70	相对湿度(日平均值)	0.72	日照时间(观测日)	0.74
围巾	气温(早上)	0.51	相对湿度(日平均值)	0.65	暖季/冷季	0.68

续表

男性	主要因素、累计贡献率					
	1		2		2	
针织帽	气温（日最低值）	0.47	风速（观测时间）	0.53	相对湿度（观测时间）	0.57
靴子	气温（早上）	0.15	风速（早上）	0.17	暖季/冷季	0.22
长袖外套	暖季/冷季	0.11	温度（日最高值）	0.25	相对湿度（日平均值）	0.51
长袖衬衫	气温（非闰年）	0.23	日照时间（非闰年）	0.27		
短袖衬衫	气温（日最高值）	0.82	暖季/冷季	0.85		
背心	气温（日最高值）	0.37	日照时间（观测日）	0.45	相对湿度（观测时间）	0.52
及膝裤	气温（观测时间）	0.70	相对湿度（日平均值）	0.71		
凉鞋	气温（日最高值）	0.61				

女性	主要原因、累计贡献率					
	1		2		2	
大衣	温度（早上）	0.69	暖季/冷季	0.71		
防风外套	温度（日最高值）	0.35	风速（观测时间）	0.41		
长裤	温度（早上）	0.54	相对湿度（观察时间）	0.60		
围巾	温度（早上）	0.65	暖季/冷季	0.72	风速（观测时间）	076
针织帽	温度（日最低值）	0.48	暖季/冷季	0.52		
靴子	温度（早上）	0.55	暖季/冷季	0.63	风速（早上）	0.68
长袖外套	暖季/冷季	0.15	温度（日最高值）	0.40	风速（观测时间）	0.46
长袖衬衫	相对湿度（观测时间）	0.24	风速（日平均值）	0.32		
短袖衬衫	温度（观测时间）	0.83	暖季/冷季	0.87		
背心	温度（日最高值）	0.70	相对湿度（观测时间）	0.72		
及膝裤	温度（日平均值）	0.68	暖季/冷季	0.72	风速（观测时间）	0.74
帽子	温度（日最高值）	0.14	日照时间（非闰年）	0.42		
遮阳伞	温度（日最高值）	0.30	日照时间（非闰年）	0.39		
凉鞋	温度（日平均值）	0.81	相对湿度（日平均值）	0.82		

注　$P<0.01$。

整体来看，第一因素的贡献率较高，而第二、第三因素的贡献率对男性和女性均较低。服装的选择首先受气温的影响，并且还受寒冷季节的当天最低温度和炎热季节的当天最高温度的影响，湿度、气流、日照只能对穿着率起到一定的影响。

环境温热因素

人体对冷热的敏感性受气温、湿度、风速（气流）和辐射的综合影响，这四个因素被称为环境的温热因素，影响着人们对舒适服装的选择。

着装选择和天气预报

通过人们对当天着装的选择参考天气信息进行问卷调查，结果显示，夏季着装主要参考当天最高温度，冬季着装主要参考当天最低温度，春秋两季着装主要参考日温差等信息，大量受访者表示会根据服装的材质、形状、组合等决定穿衣，与这次的分析结果一致。

第3章 穿脱行为的触发因素
——探究冷热感知之谜

人在感到炎热时会脱掉服装，在感到寒冷时会穿上服装。也就是说，触发穿脱行为的是人的冷热感知。那么，对冷热的感知是如何产生的呢？当我向学生提问时，得到了"气温"或"气流"的回答。当然，这也是有影响的，但试着回想一下，在同样的环境下，虽然一动不动地观看体育比赛的人很冷，但是比赛的人汗流浃背，似乎气温和气流等环境条件并不是影响冷热感知的唯一因素。在本章中，让我们一起揭开触发穿脱行为的冷热感知的奥秘。

3.1 解谜的"钥匙"——人是恒温动物

不言而喻，人属于"恒温动物"。即使外部环境在一定范围内发生变化，恒温动物的体温也保持大致恒定，其温度根据动物的种类而不同，人类的恒温保持在37℃左右。37℃被认为是体内最适合发生化学反应的温度，也就是人体维持一切生命活动的最佳温度。体温作为身体健康的晴雨表，比如体温升高至38℃时通常被认为是发烧。对于人类来说，维持恒定的体温是人体正常生命活动的重要条件之一。

体温就是身体的温度，但根据身体部位的不同，温度差异很大，比如人们时常"手脚冰凉"。图3-1是使用等温线绘制在冷热环境下人体温度分布的示意图。这样，人体就可以看成由恒温核心部（Core）和变温外壳部（Shell）组成的类似包子状的结构。

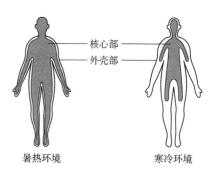

暑热环境　　　　　　　　寒冷环境

图3-1 环境与体温分布示意图

相当于"包子馅儿"的核心部即作为人体重要器官存在的头部和躯干内部，它不易受到环境温度的影响；相当于"包子外皮"的外壳部即四肢和皮肤表面，它受环境温度的影响容易发生变化。其中，核心部的温度一般称为体温。因此，体温除了可以测量腋窝温度（腋下）、口腔温度（舌下）、食道温度、直肠温度外，还可以通过在身体内部放入传感器来测定，如鼓膜温度和外耳道温度等。这些部位的测量温度不一定一致，根据部位的用途不同，腋窝温度、口腔温度和直肠温度作为发热的指标，直肠温度作为计算身体热容量的依据，此外，反映大脑温度的鼓膜温度被用作体温调节中枢机制的指标。

虽然体温是恒定的，但每天会有 0.5 ~ 1.5℃ 的节律变化，清晨较低，之后逐渐上升，在傍晚最高，睡眠时逐渐下降。在女性中，它也随着月经周期而变化。体温存在个体差异，受测量部位和测量方法影响，因此最好通过使用固定方法测量自己的体温和体温节律来了解正常体温。

另外，相当于包子外皮的外壳部即皮肤表面的温度也是体温，但用皮肤温度作为区分。皮肤温度受外界气温影响而变化，而且根据身体部位的不同而变化很大。图 3-2 显示了女性未着装状态下在感觉舒适，即不热也不冷环境下的皮肤温度分布：脚部温度为 29℃，稍低，颈部和前额部温度为 35℃，较高，全身有 6℃ 左右的温度差。从图 3-2 显示的皮肤温度分布来看，在低温环境下温度差更大，在高温环境下全身分布在 33 ~ 36℃。

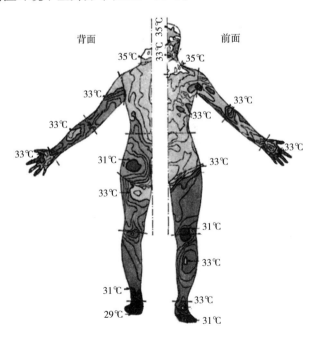

图 3-2　感觉舒适的人体皮肤温度分布（田村，1983）

由于皮肤温度因身体部位的不同而有很大差异，因此将各部位的皮肤温度与各部位皮肤总面积的比值加权得到的平均皮肤温度作为代表值。

此外，将身体整体的体温和皮肤温度结合起来的平均温度称为平均体温（T_b），它是通过对体温和皮肤温度进行加权得出的。加权因数因环境温度而异，使用表 3-1 中的公式计算。

表 3-1　不同环境下平均体温的计算公式　　　　　　单位：℃

温暖环境或出汗时	$T_b = (0.1\text{--}0.2)\,T_{sk} + (0.9\text{--}0.8)\,T_{re}$
寒冷环境	$T_b = 0.33\,T_{sk} + 0.67\,T_{re}$
平衡状态的舒适环境	$T_b = 0.20\,T_{sk} + 0.80\,T_{re}$

各种动物的恒温

鸟：42.8℃

鸡：41.5℃

兔子：39.5℃

绵羊：39.0℃

大象：35.6℃

体型较小的动物往往比体型较大的动物有更高的体温。

直肠温度的测量

直肠温度是用于研究的最可靠的体温测量方法。测量时，用一次性罩子盖住热敏电阻温度计，握在尖端下方 8~10cm 处，将其插入肛门。

体温的昼夜节律

在没有外界干扰的情况下，体温以 25 小时为一个周期变化，但人体适应了地球的日照节律循环，体温的周期性变化就变成了 24 小时节律。

体温节律测量示例

图 3-3 所示为人体体温节律测量示例。

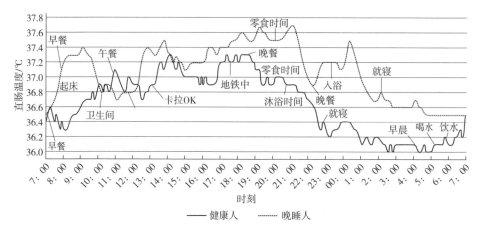

图 3-3　人体体温节律测量示例

平均皮肤温度计算公式示例

平均皮肤温度测量方法有 Ramanathan 的 4 点法、Hardy 和 Dubois 的 7 点法，以及 Hardy 和 Dubois 提出的更细致的 12 点法等。图 3-4 为各测定点温度与体表面积比的乘积和求得平均值示意图。

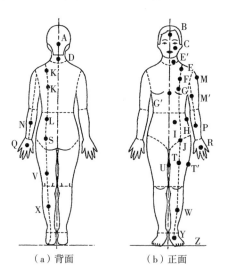

图 3-4　平均皮肤温度测定点

3.2 体温调节——产热与散热的平衡

人体维持体温的热量主要来自食物，脂肪、碳水化合物和蛋白质等在体内通过与氧气等物质进行化学反应产生热量，这一过程称为"产热"。身体各个器官产生的热量由血液携带至全身，使身体变暖，然后从皮肤表面消散到外界，这一过程称为"散热"。如图 3-5 所示，如果产热量和散热量相等，则体温将维持恒定体温，但如果产热较大，体温会升高，如果散热较大，体温会下降。为了维持对人类来说最重要的恒定体温，通过调节产热和散热使两者平衡是非常重要的。可以说，冷热的感知，以及由此引发的穿脱服装的行为，都是为了保持体温恒定的机制（装置）。在揭开冷热感知的面纱之前，希望加深大家对"产热"和"散热"这两个概念的理解。

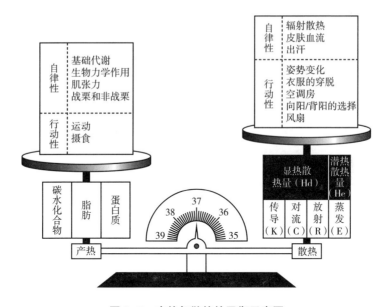

图 3-5 产热与散热的平衡示意图

体温与皮肤温度的拮抗关系

正如前文所说，体温是有节律的。睡觉时，你的体温会下降，但此时的皮肤温度，尤其是手脚的皮肤温度会上升。这就是当孩子困倦时手脚会变热的原因。如果皮肤温度仍然很低，体温不会下降就很难入睡。

3.3 产热方式——能量代谢

　　人类在摄取、消化和吸收食物的过程中产生能量，然后在体内通过与氧气等物质进行化学反应产生热量，这个过程称为能量代谢。大部分代谢的能量通过血液以热量的形式输送到全身，用于维持恒定的体温，也用于维持生命活动。能量代谢随体力活动的强度而变化，尤其是肌肉活动的强度，肌肉活动的强度越大，产生的热量就越多。在能量代谢测定中，如图 3-6 所示，通过呼出气体分析仪分析吸气和呼气中所含氧气和二氧化碳的量，计算得到的耗氧量和产生的二氧化碳量与耗氧量的比值，即非蛋白呼吸商（Nonprotein Respiratory Quotient，NPRQ）。

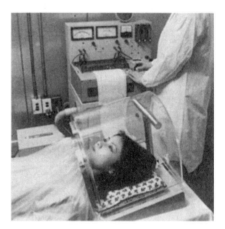

图 3-6　采用呼出气体分析仪测量示意图

　　能量代谢随着活动水平的提升而增加，身体活动最小时的能量代谢称为基础代谢。基础代谢是在清醒状态下维持生命所必需的最小限度的能量需要量，测定的条件是空腹、舒适、卧位、清醒状态下。为了消除体型的影响，通常用体表面积或体重比来表示基础代谢。从一天的代谢总量来看，从婴儿期开始急剧增加，逐渐减慢增加速度，到了青春期会再次增加，在 20 ~ 45 岁几乎保持不变，然后随着年龄的增长逐渐下降。从体表面积比来看，在 2 岁时达到最大值（约为高龄者的 2 倍），之后开始下降，到 20 岁时会维持一段时期，进入老年期后再次逐渐减少。从同一年龄层的性别差异来看，在单位体表面积上，到幼儿期为止没有差异，儿童期为 5%，青春期以后为 10%，70 岁以后为 5%，都是男性高于女性，80 岁以上时性别差异再次消失。需要注意的是，基础代谢已经适应了气候，有报道称，过去日本人存在冬高夏低的年间变动（变化幅度为

10%），随着空调设备的普及，这种季节性波动有逐渐消失的趋势。如果从秋季到冬季，你能穿上轻薄的服装度过，那么你的身体可能就会适应气候，冬季的基础代谢会上升，从而形成耐寒体质。基础代谢率的计算公式如下：

$$M= \{0.23（RQ）+0.77\} \, 5.87（V_{O_2}）\times \left(\frac{60}{A_d}\right) [\text{W} \cdot \text{m}^{-2}] \qquad （3-1）$$

式中：RQ 为呼吸商 $\left(\dfrac{V_{CO_2}}{V_{O_2}}\right)$，值为 0.83（休息时）~ 1.0 或更多（重工作时）；V_{O_2} 为标准条件下换算的耗氧量（L/min）；5.87 为将 1 升标准状态下的氧气换算成能量单位（当 $RQ=1$ 时）[W/（h·L）]；A_d 为体表面积，体表面积 $=k \times$ 体重 $^{0.425} \times$ 身高 $^{0.725}$，其中 $k=0.2043$（高比良）。

　　另外，活动时的能量代谢在基础代谢中加入了活动所需的代谢来反映活动水平。表示运动（工作）强度时，既有使用单位时间内完成的工作量（W）的物理量，也有表示单位时间内身体使用的代谢能量的生理量。当使用生理量时，由于能量代谢量本身包括个体基础代谢的差异（个体差异），所以在多数国家和地区，通常使用的是包括人体在安静时代谢量在内的总能量代谢除以基础代谢量，或通过将总代谢量除以安静时代谢量获得的代谢当量（$METS$）作为指标。但在日本，使用运动（工作）产生的能量增加量除以基础代谢获得的能量代谢率（Relative Metabolic Rate，RMR）作为指标。表 3-2 和图 3-7 显示的是日本人的基础代谢基准值。

表 3-2　日本人基础代谢基准值

年龄 / 岁	男性		女性（不包括孕妇和哺乳期妇女）	
	基础代谢基准值 / [kcal/（kg·day）]	标准体重基础代谢率 / （kcal/day）	基础代谢基准值 / [kcal/（kg·day）]	标准体重基础代谢率 / （kcal/day）
1 ~ 2	61.0	710	59.7	660
3 ~ 5	54.8	890	52.2	850
6 ~ 7	44.3	980	41.9	920
8 ~ 9	40.8	1120	38.3	1040
10 ~ 11	37.4	1330	34.8	1200
12 ~ 14	31.0	1490	29.6	1360
15 ~ 17	27.0	1580	25.3	1280
18 ~ 29	24.0	1510	22.1	1120
30 ~ 49	22.3	1530	21.7	1150
50 ~ 69	21.5	1400	20.7	1110
70 以上	21.5	1280	20.7	1010

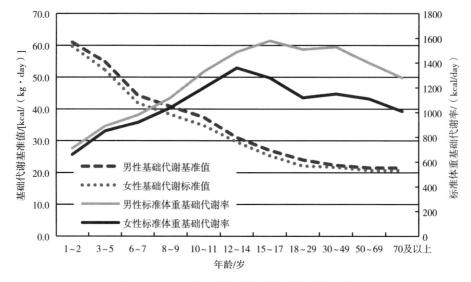

图3-7　日本人不同年龄段的基础代谢基准值

　　将各个年龄段的基础代谢基准值乘以各自的体重，可以计算出这个人一天的基础代谢量。自2005年以来，日本18～29岁女性的基础代谢基准值略有下降［资料来源：日本厚生劳动省发布的日本饮食摄入量标准（2010年版）］。

$$RMR = \frac{运动时的代谢量 - 安静时的代谢量}{基础代谢量} \qquad （3-2）$$

　　RMR与能量代谢量的关系可通过下列公式进行计算：

$$能量代谢量 = (RMR + 1.2) \times 基础代谢量（kcal） \qquad （3-3）$$

　　表3-3展示了日常生活和各种体育运动的RMR。可以看出，RMR随着肌肉活动强度的增加而增加，心理活动对RMR影响不大，睡眠时的能量代谢是安静时的70%～80%，比基础代谢低6%～8%。

表3-3　各种活动的能量代谢量和能量代谢率

活动		能量代谢量*（W）	METS	RMR
安静时	睡眠时	70	0.7	-0.4
休息	坐立	75	0.8	-0.2
	站立	120	1.2	0.2
办公室	坐着读书	95	1.0	0.0
	坐着打字	110	1.1	0.1
	坐着整理文件	120	1.2	0.2
	站着整理文件	135	1.4	0.5
	来回走动	170	1.7	0.8
	打包	205	2.1	1.3

续表

活动		能量代谢量*（W）	METS	RMR
平坦道路步行	时速 3.2km	195	2.0	1.2
	时速 4.8km	255	2.6	1.9
	时速 6.4km	375	3.8	3.4
开车	开家用车	100 ~ 195	1.0 ~ 2.0	0.0 ~ 1.2
	开重型机车	315	3.2	2.6
家务劳动	做饭	160 ~ 195	1.6 ~ 2.0	0.7 ~ 1.2
	打扫	195 ~ 340	2.0 ~ 3.4	1.2 ~ 2.9
工厂内劳作	踩缝纫机	180	1.8	1.0
	轻体力劳动	195 ~ 240	2.0 ~ 2.4	1.2 ~ 1.7
	重体力劳动	400	4.0	3.6
翻地、锄地		400 ~ 475	4.0 ~ 4.8	3.6 ~ 4.6
休闲运动	交谊舞	240 ~ 435	2.4 ~ 4.4	1.7 ~ 4.1
	健美操	300 ~ 400	3.0 ~ 4.0	2.4 ~ 3.6
网球	单打	360 ~ 460	3.6 ~ 4.7	3.1 ~ 4.4
篮球		490 ~ 750	5.0 ~ 7.6	4.8 ~ 7.9
竞技类体育	摔跤	700 ~ 860	7.0 ~ 8.7	7.2 ~ 9.2

注 ①*：假定人的标准体表面积为 1.7m²。

②各项运动中的能量代谢量用 METS、RMR 表示，运动或从事重体力劳动时能量代谢量增加，能量代谢率升高。"坐着读书"的能量代谢量与安静时相当，METS 表示为 1，RMR 显示为 0。

资料来源：ASHRAE, 1993, *ASHRAE Handbook*, Fundamentals. Chapter 8, pp. 7–8。

人们剧烈运动时的能量代谢量达到安静时的 10 ~ 20 倍，不受环境温度（5 ~ 30℃）的影响，几乎与运动强度成正比。运动时体温的升高，并不是运动荷重的绝对值，而是与个人的最大摄氧量（运动中所能摄入的氧气含量）的相对值（$V_{O_{2max}}$）有关，因此在调查运动与体温调节之间关系的实验中，确定荷重的方法不是运动强度的绝对值，而是采用与个体差异相适应的相对值。

尸冷原理

推理小说中经常有推理死亡时间的场面，死者在呼吸停止的瞬间产热停止，身体开始降温。

非蛋白呼吸商（NPRQ）

如果仅燃烧脂肪，消耗的氧气与产生的二氧化碳的比率为0.7，而碳水化合物之比为1.0。根据实际的呼吸商，可以计算出两者的燃烧量。因为它不包括蛋白质的燃烧，所以被称为非蛋白呼吸商。

基础代谢因年龄差异的表现

· 孩子是"风之子"，大人是"火之子"。

· 由老年人抚养的孩子抵抗力就差吗？

基础代谢低的老年人往往穿厚服装。因为老年人常根据自己的冷热感知给孙辈穿服装，导致高基础代谢量的孙辈穿太多，从而减弱了他们的抗寒抗热能力。

能量代谢率和服装

能量代谢率越高的运动和工作产生的热量越高，体温越容易升高，所以穿的服装就越少。与之相反，睡眠时能量代谢率低，体温容易下降，所以需要被褥。

3.4 散热方式一——显热传递（温度差引起的热传递）

通常，当物体内或不同物体之间存在温度差时，热能就会从温度高的一侧传递到温度低的一侧，这称为热传递或传热，传热主要有传导、对流和辐射三种方式（表3-4）。

传导是物质内部的热传递，人体由内向外以热传导的方式散热，通过身体向其接触的地板、鞋、椅子、桌子等进行热传递。假设寒冬的公园里有一把铁椅和一把木椅，大多数人会避开冰冷的铁椅而选择坐在木椅上。虽然公园里的椅子不管是铁质的还是木制的，温度应该基本相同，但是人们为什么会感觉铁椅更冷呢？这是因为铁的热导率比木头要大，在接触时从身体传递到铁椅的热量比木椅更多。通过这种传导，从身体出来的热能与所接触物质的热导率和温度差成正比。如果服装纤维的热导率相对较小，那么说明该服装不易传热，其面料可以作为保温材料。

表 3-4　人体向外界散热的路径

方式	图示	路径说明与计算公式
传导（K）	t_s t_o	人与接触的物质间进行的热传递 $K = h_k (t_s - t_o) f_k$
对流（C）	$\bar{t}_s$ t_a 有风时 t_a V 自然对流　强制　人活动时	人体周围的气流（V）流动进行的热传递 $C = h_c \cdot \sqrt{V} \cdot (\bar{t}_s - t_a) f_c$
辐射（R）	负散热　正散热 墙壁温度 t_w	以热辐射的形式进行的热传递。太阳的直射通过负散热进入人体内 $R = s \cdot \sigma \cdot f_r (\bar{T}_s^4 - \bar{T}_w^4) \fallingdotseq h_r (\bar{t}_s - \bar{t}_w) f_r$
蒸发（E）	水分蒸发量 L g	通过水分的蒸发散发潜热，1g 的水蒸发可放出 $0.67 W \cdot h/g$ 的热量 $E = 0.67L$

注　h_k、h_c、h_r 分别是传导、对流、辐射的传热系数，t_s、t_o、t_a、t_w 分别是皮肤、接触物、大气、墙壁的平均温度，f_k、f_c、f_r 分别是传导、对流、辐射的有效散热面积。s 是表面发射率，σ 是斯蒂芬·玻尔兹曼常数（$\sigma = 5.67 \times 10^{-8} W \cdot m^{-2} \cdot K^{-4}$），$L$ 表示人体的水分蒸发量。在这里，$H_d = K + C + R$，$H_e = E$。

对流是由空气、水等流体传热的现象，人体周围的空气是流体，所以人体多数通过对流的方式向外界散热。对流受到体表空气运动（气流）、风的强烈影响，人们在炎热时用电风扇和扇子纳凉，就是因为空气对流带走了大量的热。

辐射是由电磁波（红外线）产生的热能在物体间传递的现象（表 3-5）。当位于人体周围的墙壁温度低于人体表面温度时，辐射产生的散热会使身体的热量散失，因此人们会感到凉爽。最强烈的辐射影响来自太阳光中的红外线（日照），太阳放出的辐射能量进入人体，对人体来说便是负散热，因此会感到很热。由于红外线辐射与光一样都是沿直线传播，因此可以通过在中间设置障碍物进行遮挡，人们夏天在户外戴帽子、使用太阳伞等都利用了这一原理。

无论是传导、对流还是辐射，如果身体没有服装遮挡，那么其散失的热量几乎与皮肤温度和外部气温的差成正比。

由于人体体温维持在37℃左右，当外部气温达到37℃以上，即高于体温时，显热就会从外部流入体内，体温容易升高。日本全年气温大多低于37℃，夏季到冬季气温从20℃到10℃、0℃依次下降。随着气温的下降，体温和气温的差会扩大，因此气温越低，人体的散热量就越多，冬天体温更容易下降。

咖啡为什么变凉？

倒在杯子里的热咖啡冷却也是因为散热现象。杯子与桌子接触产生散热的方式是传导，杯子向周围空气散热的方式是对流，杯子表面向墙壁散热的方式是辐射，并且咖啡蒸发也会带走潜热。为什么咖啡变凉了，而人喝了体温却不会下降呢？

根据电磁波波长的分类（表3-5）

表3-5 电磁波按波长分类

波长	电磁波分类
$0 \sim 10^{-2}$nm	γ 射线
$10^{-2} \sim 10$nm	X 射线
$1 \sim 400$nm	紫外线
$360 \sim 830$nm	可见光
800nm ~ 0.5mm	红外线
1mm ~ 1m	微波
$0.1 \sim 10$m	电视波
$10^2 \sim 10^3$m	无线电波

注 nm 为纳米，代表 10^{-9}m。

 专 栏

胖与瘦，哪种体型更耐寒？

让偏瘦、正常、肥胖体型的受试者在28℃的房间里在不着装的状态下待

2 小时，用红外热成像仪观察其皮肤温度，结果显示，躯干部的皮肤温度按从高到低排列为偏瘦、普通、肥胖，越是体型肥胖的人皮肤表面的温度越低，这是因为皮下脂肪的热导率低，核心温度难以传递到皮肤表面。但是此时手脚的皮肤温度按从高到低排列为肥胖、普通、偏瘦，肥胖者表现出散热的反应，相比之下，瘦身者则抑制散热即表现出寒冷的状况。换言之，肥胖者更耐寒。

3.5　散热方式二——潜热传递（蒸发产生的热传递）

另一个与人体散热相关的热传递是水的蒸发潜热（表 3-4）。

1g 水的蒸发需要 0.67W 或 0.58kcal 的蒸发潜热，皮肤表面的汗液蒸发时，将带走蒸发量对应的潜热，起到降低体温的作用。

皮肤上每平方厘米有 130~140 个汗腺孔，即使没有出汗，平均每小时每平方米也约有 23g 的水分蒸发，这叫作"无感蒸发"。当人的体表面积为 $1.7m^2$、体重为 60kg 时，因无感蒸发 1 天产生的潜热为 $23 \times 1.7 \times 0.58 \times 24 = 544.3$（kcal），如果将人体的比热看作 1，则 1 天的无感蒸发量可以使此人的体温下降 9.01℃。而且，气温上升时汗腺会分泌汗液，这便是出汗（温热性出汗）。气温在 35℃ 下处于安静状态时，人的平均出汗量为每小时 $100g/m^2$，则 6 小时出汗产生的蒸发潜热为 $100 \times 1.7 \times 0.58 \times 6 = 591.6$（kcal），那么 6 小时的出汗量可以使体温下降 9.86℃。如前所述，在 37℃ 以上的环境中，体温和外部气温相等，以温度差散失的热量显热产生的散热几乎为 0。即使在这样的状态下也存在一定的产热，因此为了使产热和散热达到平衡，必须通过汗液的蒸发将潜热全部放出，此时就会大量出汗。正因如此，穿着妨碍人体表面蒸发的服装，会导致体温立即上升。

无感蒸发和出汗

无感蒸发是指从皮肤的深层透过角质蒸发的水分，汗腺的表面也存在蒸发，汗腺数量多的部位如脸和手掌的蒸发量较大。而出汗是指由分布在全身的小汗腺分泌汗液，几乎与极淡的尿液含有相同的成分。出汗分为炎热时体表出汗的温热性出汗和紧张时手掌和脚底出汗的精神性出汗。另外，腋下等多毛部位的大汗腺分泌的汗液常伴有异味。

蒸发潜热（Q&A）

水的蒸发可以带走物体表面的热量。

① 郊游时携带的湿毛巾什么时候更凉？

A. 刚打开包装时

B. 从包装中取出并打开之后

② 哪一种方式更容易用水冷却西瓜？

A. 将其沉入水中放在阴凉处

B. 将其一半沉入水中，上半部分用湿毛巾盖住放到有风的阴凉处

（答案：① A；② B）

3.6 产热与散热的调节——自主性体温调节

维持体温恒定需要产热和散热的平衡。因此，冬天外部气温比体温低时，由于散热比产热多，体温容易下降，反之，夏天气温高且湿度大，很难散热，体温容易上升。另外，即使气温相等，在剧烈运动时，即产热量（能量代谢量）大的情况下，体温容易上升，反之，人体在睡眠中体温容易下降。在体温上升、下降之前，人体具有自主性的正反馈体温调节功能，可以通过生理反应将两者进行调节，这叫作自主性体温调节。自主性体温调节的生理反应有三种，一是皮肤血管扩张收缩引起的皮肤温度变化，二是出汗反应，三是能量代谢变化。这些被称为体温调节的效应器。

我们来看下具体的反应。

在寒冷环境中，散热量超过产热量，人体会首先关闭位于手脚等末梢部的皮肤血管的动静脉吻合（AVA），减少流过皮肤的温暖血液量，通过降低皮肤温度，缩小与外部空气的温度差，抑制热量的散失。并且在体温快要下降时，通过肌肉的收缩、战栗激发增加能量代谢的反应，抑制体温下降。

相反，在炎热环境中，散热量比产热量少，或者由于运动使能量代谢增大而产热量超过散热量时，人体会打开末梢部的皮肤血管的 AVA，通过增加皮肤血流量而使皮肤温度上升，促进散热，并且在体温快要上升时，通过出汗促进蒸发散热，抑制体温上升。

正反馈

近年来，关于体温调节模型中效应器的调节反应不是以体温的上升、下降为直接诱因，而是预测到体温变化才引起效应器的反应的说法广受关注。

3.7　探索冷热感知之谜——自主性体温调节与行为性体温调节

图 3-8 展示了在气温分别为 22℃、25℃、28℃、31℃、34℃，无风且湿度为 50% 的人工气候室内，30 名未着装的成年女性在安静状态下待 2 小时后人体各部位的皮肤温度，图 3-9 展示了同一受试者的体温、平均皮肤温度、出汗量、能量代谢、冷暖感觉、舒适感的变化。结果显示，在气温 28℃ 左右时，平均皮肤温度保持在 33℃，蒸发量也低，处于无感蒸发范围，此时能量代谢量最少。可以看出在这种状态下，人体的负担小，舒适感最高。

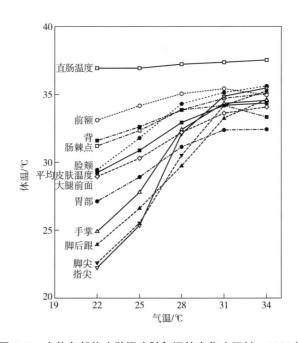

图 3-8　人体各部位皮肤温度随气温的变化（田村，1983）

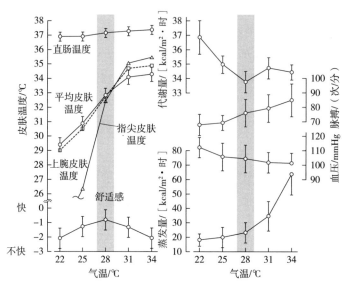

图 3-9　气温和人体生理反应（田村，1983）

如图 3-10 所示，一般来说，在体温调节范围内，能够维持安静时的代谢量在最低水平的环境温度范围称为中性温度范围，其下限温度称为下临界温度，上限温度称为上临界温度。在中性温度范围内，人体可以通过皮肤的血管反应改变皮肤温度，调节散热量，使之与产热量相称，因此中性温度范围也被称为血管调节范围。此时，人体会感到舒适，是一种既不热也不冷的适中感觉，不会产生特殊的体温调节活动。

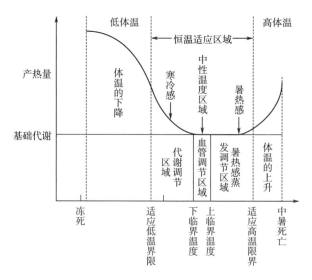

图 3-10　体温和自主性体温调节反应的区分

低于下临界温度时，随着环境温度下降，为了防止体温下降，人体代谢会相应亢进，此范围被称为代谢调节范围。在这个范围内，人体会产生寒冷且不舒服的感觉。寒冷时身体战栗是肌肉律动性收缩防止体温下降的生理现象，但这种代谢亢进存在局限性，当产热量无法满足散热量时，不久体温就会开始下降，直至冻死。在低于下临界温度的环境中，人体会感觉寒冷以及产生不适感，因此人们会有进入暖气房、穿衣服等行为。这些行为是为了防止体温下降，因此被称为体温调节行为。

超过上临界温度时，因为通过出汗可以防止体温上升，所以这一范围被称为蒸发调节范围。在这个范围内，人体会产生较大热量而有不舒服的感觉，这种感觉会引发人们脱衣服、开空调、吃冰激凌等调节体温的行为。如果气温进一步上升，体温就会上升，直至产生中暑等不适症状甚至死亡。暑热时代谢会增加，这是因为体温上升引起的 Q10 效应（生物反应速度的温度系数），这是与体温调节完全不同的反应。

无论如何，人体是通过双重机制来维持体温恒定的，即生理性的自主性体温调节和由此引发的冷热知觉为诱因的行为性体温调节，由此可见维持体温恒定的重要性。

冷热知觉是体温调节行为的诱因，并不单纯是由环境条件引起的，它不仅与自主性体温调节有着密切的联系，而且在维持体温恒定方面发挥着重要的作用。

动静脉吻合（Arteriovenous Anastomoses，AVA）

AVA 是指毛细血管之间，动脉和静脉直接相连的结构。通过开闭 AVA 来调节流经皮肤表面的血流量。炎热时打开 AVA，增加血流量，提高皮肤温度，促进散热。反之，寒冷时关闭它，减少血流量，降低皮肤温度，抑制散热。AVA 大量分布于手脚、鼻子、耳郭等部位。

与脊髓损伤者 I 某的难忘相遇

I 某，男性，相遇时他 31 岁，17 岁时他因为在东名高速公路上高速骑摩托车而从桥上跌下落水。他在意识恢复时，已经躺在医院的病床上了，手和脚都无法动弹，处于重度颈髓 5~6 级损伤的状态。曾经放弃人生的他，在卧床不起的过程中还患上了可以看到骶骨的褥疮，但在那之后他遇到了一位优秀的人生伴侣并重新开始生活。当时他充分调动剩余机能，实现了回归社会。损伤部位越高，对身体的影响越大，因此，夏天胸部以下的皮肤如果不出汗，就容易中暑，冬天手脚血管不收缩，体热持续下降，容易引发低体温。通过这次会面，我认识到了正常人的手脚容易发凉这一生理反应的重要性。

另外，I 某积极向上的精神给了我继续研究下去的勇气。

专 栏

高位脊髓损伤患者的体温调节

在脊髓损伤者中，如果颈髓受到损伤会导致体温调节出现问题。图 3-11 是健康人和颈髓损伤者在 25℃ 的人工气候室中停留 30 分钟后下肢的温谱图。健康人的膝盖和脚呈低温状态，由此可知寒冷导致其脚部的动静脉吻合闭合，产生了防止体热散失的反应。颈髓损伤者的膝盖和脚呈高温状态，未见对寒冷的反应。结果显示，健康人即使在该环境下停留 2 小时，体温仍维持在正常的 37℃，而颈髓损伤者由于脚部始终处于温暖状态，其体温下降严重。手脚的皮肤血管，特别是动静脉吻合在体温调节中发挥的作用很大。脊髓损伤者的体温调节如图 3-12 所示。

温度在 28℃ 以下时，下肢末梢血管收缩欠佳，而温度达到 31℃ 以上时，损伤部位以下出现发汗障碍，因此我们发现温度低于中性温度时体温下降、温度超过中性温度时体温上升。

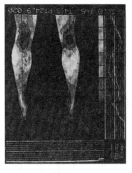 

健康人　　　　　　　　　脊髓损伤者

图 3-11　温谱图

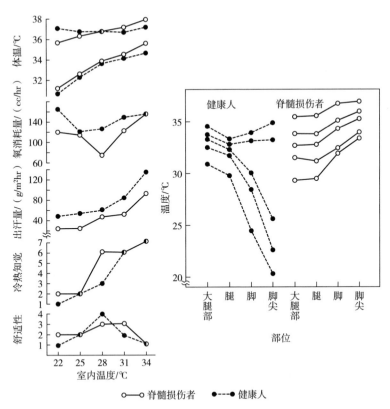

图 3-12　脊髓损伤者的体温调节（田村，1979）

第4章　皮肤对温冷觉、湿润感的感受性

　　人类皮肤上分布着温觉、冷觉、痒觉、压觉、痛觉等感觉感受器（神经末梢），可以捕捉外界刺激。感受器将接收到的感觉脉冲通过向心性感觉神经传递到大脑，人就会感觉到冷、热等。来自全身的类似信息传递到中枢，经过中枢整合后产生自主性体温调节反应，从而产生冷、热等全身性的冷热感和舒适感。虽然服装对人体的覆盖是不均匀的，但是研究人体的不同部位是保温还是冷却会更舒服应该很有趣。人体不同部位对温度的敏感性存在怎样的差异，另外，他们的敏感性差异对体温调节反应和全身的冷热感、舒适感又有怎样的影响呢？在本章中，我们尝试研究皮肤表面各部位对温度敏感性的差异，人体对局部加温、局部冷却的生理反应，与暑热时不适感相关的湿润感的感知构造，以及这些现象随着年龄增长而产生的变化等。

4.1　皮肤的温点和冷点

　　用针、毛或加热（或冷却）的黄铜圆锥尖刺激小块皮肤区域时，存在着会分别产生痛觉、触觉、温觉、冷觉的感觉点，各点相互独立，不同人体部位的分布密度不同。19世纪末，冯·弗雷（Von Frey）等研究者发现，每个感觉的接收器都具有特有的解剖学结构，用于接收感觉。冯·弗雷毛刺激的实验方法现在也成为精神物理学使用的标准方法。随后，测定温点、冷点的密度，对影响结果的环境温度、刺激温度、刺激压、荷重时间等进行了研究，确定实验方法如下：在目标皮肤上 2cm×2cm 的方框内以 2mm 为边长制格子，在这 100 个格子上随机加载微小的热、冷刺激，以标记热、冷感觉。

　　基于此，我决定从服装设计的角度开始对全身 25 个部位的温点、冷点进行研究（留学在读博士研究生的李博士协助完成了本实验）。首先，对市面上销售的温觉测量器进行了改良，增加了刺激装置，研究对象为年轻女性（9名）的全身 25 个部位的冷点密度。由于该刺激装置存在前端温度容易变化的缺点，因此接下来温点

密度的测定得到花王（株式会社）研究所仁木先生的大力支持，其开发了能够微调刺激温度的水循环式刺激装置，使用该装置重新测量了年轻女性（10 名）的全身 25 个部位的温点密度。让受试者进入气温（28 ± 0.5）℃、湿度（50 ± 10）%、气流 0.2m/s 以下的人工气候室，在仅穿着内衣和短裤的条件下开始测定，姿势为仰卧和俯卧，测量顺序随机。

李博士的贡献

本次测量的操作简直让人感觉头晕目眩。首先在皮肤上加盖 100 格的印章，接着用刺激装置对它们一一进行刺激，让受试者反馈是否感受到热或冷，但如果连续刺激相邻的格子会对实验结果造成影响，因此必须完全随机进行，加上腹部等部位在呼吸时会上下起伏，为了保持接触压恒定，需要掌握一定的操作技术。能够对 9 名受试者分别完成全身 25 个部位的测量，不得不说多亏了李博士的贡献。在这里表示感谢。

4.2　温点和冷点绘图的再现性

在测定之前，我们已经完成了重复性确认，将温点、冷点的结果利用 2cm × 2cm 方格进行标记，同时在包含 2cm × 2cm 方格的 4cm × 4cm 方格中进行重复标记实验。以前额、胸、前臂、大腿为研究部位，调查了重复标记同一部位时的一致率，如表 4-1 所示，标记冷点时，呈现比较高的再现性，前额 84%、胸部 69%、前臂 77%、大腿 66%。比较 2cm × 2cm 方格和 4cm × 4cm 方格的结果，确认了冷点不是散点而以某种统一形式存在。在标记温点时，一致率也高达 69% ~ 100%。但是，由于温点与冷点相比出现区域较少，呈现的结果是很小的位置偏移就容易产生个体差异和测定误差。测定冷点密度时，测定面积选择当前的 2cm × 2cm 方格较恰当，但测定温点密度时利用 4cm × 4cm 方格可能更恰当。另外，近年来分子生物学领域一直在探究温觉、冷觉的感受机制，在皮肤的角质细胞中也发现了对温度反应的蛋白质 TRP（Transient Receptor Potential）通道（瞬时受体电位通道），期待今后关于温冷觉的详细机制的研究发展。

表 4-1 冷点标记的再现性（李和田村，1995）

注 在 4cm×4cm 的方格和其组成部分中的 2cm×2cm 方格中进行冷点标记。2cm×2cm 方格内的标记结果呈现再现性，但若皮肤部位稍微偏移，则冷点的密度就会发生变化，这是产生偏差的原因。

低温点、冷点的测定（图4-1）

近年来，研究表明皮肤中的温觉、冷觉是感觉神经细胞的 TRP 通道感受到的。由于 TRP 通道中对 42℃以上的温度存在反应是 V1，它也对辣椒中含有的辣椒素存在反应，因此它会将辣椒的刺激感觉成热。据报道，同样的对低温反应的 TRP 通道 M8 也与薄荷醇反应，因此薄荷会引起冷的感觉。通过将辣椒和薄荷醇用在面料中加工成服装，有人尝试将其分别制成冬天温暖、夏天凉爽的内衣。但是这只是感觉，内衣不会真的变得温暖。

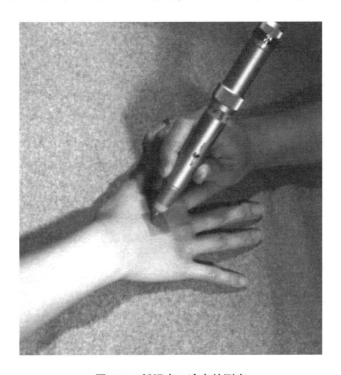

图 4–1　低温点、冷点的测定

4.3　温点和冷点分布密度的部位差异

皮肤表面的温点、冷点分布密度在不同的人体部位会有怎样的不同呢？结果如图 4-2 所示。从图中可以看出，冷点以 8 ~ 23 个 /cm² 分布，前额最大，小腿的前后两面均为最小值，整体上按面部、躯干部、颈部、上肢部、下肢部的顺序减少。温点以 1 ~ 6 个 /cm² 分布，约为冷点的四分之一，数量较少，几乎看不到部位的差异，脸颊部和前臂部呈现出稍高的值。

因此，可以看出冷点、温点密度在不同的人体部位分布是不同的，这引发了进一步思考，温度点分布密度与该部位的温度敏感性有什么关系呢？

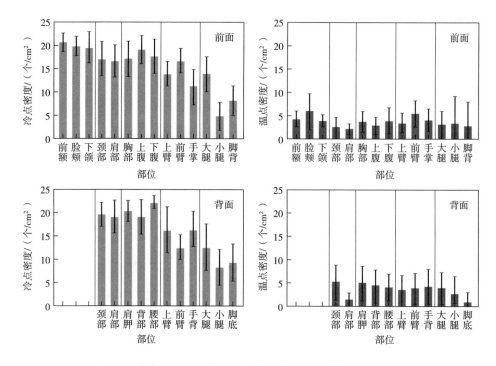

图4-2 成年女性的温点、冷点分布密度（李和田村，1995）

日常生活中确认适宜温度

在日常生活中，我们确认温度是否合适时使用的部位不同，确认婴儿牛奶温度是否合适时会将奶瓶贴在脸颊上，确认沐浴的水温时会将肘部弯曲让前臂浸泡在热水中，在判断这些微妙的温度边界时，人们可能会利用感知更加敏感的部位。

4.4 温点和冷点的分布密度与温觉和冷觉的关系

在生理学领域，评价皮肤温度敏感性时会使用红外线辐射和特殊冷却套装来研究人体的局部加温、局部冷却对引起的皮肤温度、出汗、呼吸、代谢等生理反应的影响。但是，在该方法中，研究的目标部位较少，较难得到全身部位的温度敏感性的结果。因此，如图4-3所示，使用直径为20mm、高度为108mm的铁质测头，通过两两比较的方法进行感官评价。将测头放置在10℃恒温冷水中，在使用前同时取出两根，在吸水布上吸收水分后，同时接触任意不同部位皮肤

3 秒，受测者告知冷感较强的部位。用同样的方法，将装有测头的恒温水槽的温度调节到 40℃，研究热感受性的强度。测量部位为 25 个，受测者为 10 名年轻女性，测定条件是环境气温为（25±0.5）℃、（30±0.5）℃，衣着和姿势与冷点、温点实验相同。分别对人体的前面、背面进行距离测量。

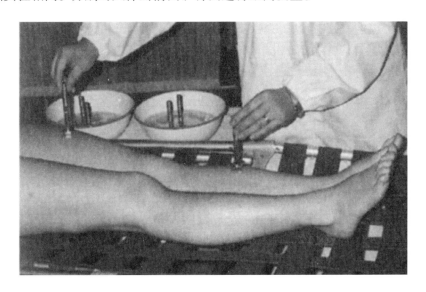

图 4-3　温度敏感性检查（李和田村，1995）

图 4-4 展示的是各部位的冷觉与前文得到的冷点分布密度之间的关系。冷觉方面，人体前面的前额、脸颊、手掌、下腹感受较高，小腿感受最低，背面的颈部、脚底、腰部感受较高，小腿、前臂感受较低，前、背面冷觉感受都高的部位是颈部、足底、腰部等日常容易感到寒冷的部位。手掌和脚底虽然是无毛部位，但表现出极高的敏感性。冷敏感性与冷点密度的相关性并不高，人体前面 $r=00.61$，背面 $r=0.40$，但在整体中如果去除冷敏感性非常高的手掌和脚底这两个部位，得到的 $r=0.7 \sim 0.8$，确认两者之间的显著性水平在 1% 以下，具有统计学上的显著相关性。手脚的相关性低的原因之一可能是有毛部和无毛部的表皮构造和厚度不同。

前额、脸颊和下腹的热敏感性较高，大腿和小腿的热敏感性较低。就热敏感性与温点分布密度的相关性而言，背面较高，为 0.70，正面较低，为 0.42。一般来说，温觉只有在中枢神经系统产生足够频率的冲动时才会产生。关于温点分布密度与温觉相关性低的原因，正如岩村先生所指出的那样，没有温点的部位不代表没有感受器。另外，我认为产生温觉需要大面积的刺激，从而引起多个温度感受器兴奋产生空间加重效应。

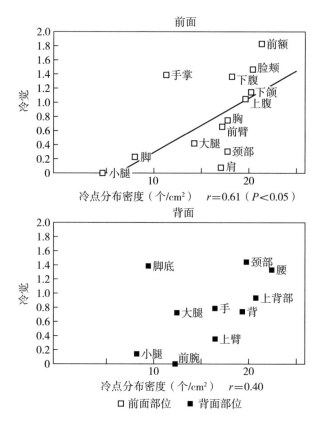

图4-4 各部位的冷觉和冷点分布密度的关系（李和田村，1995）

通过两两比较法进行的感官评价

对食物的味道和香味等进行评价、检查的方法称为感官评价法，两两比较法是其中之一。有多个研究对象时，对所有的组合进行比较，对其综合得分进行量化。量化数值的范围距离越大，意味着该部位的温觉越高。

小腿的温度敏感性和裙子的关系

结果显示，所有受试者的小腿上冷点分布较少，冷敏感性也低。女性在冬天也能露出小腿穿裙子，也许就是这个原因。但是这是女性的结果，平时用裤子盖住小腿的男性又是怎样的呢？

岩村吉晃

日本身体感觉研究第一人，著有神经心理学"Touch"（触摸）系列著作。

4.5　温冷觉阈值测量装置的开发

前文通过传统方法探讨了温度感觉的部位差异，但是这种方法不仅耗时，最重要的是给受试者带来了很大的负担。为了测量从儿童到老年人的广泛年龄层的温度感觉，急需一种操作更简便、测量时间更短、受试者负担更小，而且精度高、重复性好的温冷觉测量装置。因此，我和技术人员小田组成了一个项目小组，共同开发通用型温冷觉阈值测量装置。

图 4-5 展示了该装置的结构，由测头、温控器、解析控制部构成。

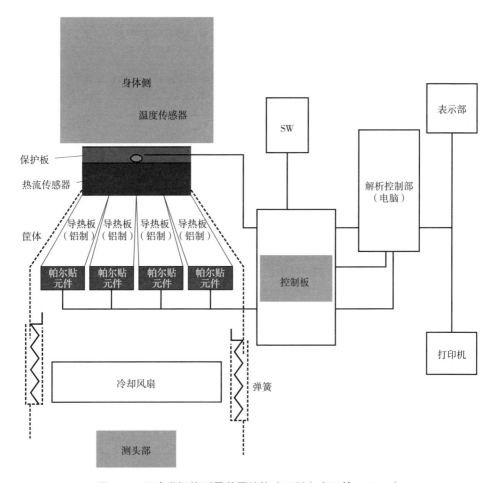

图 4-5　温冷觉阈值测量装置结构（田村和小田等，2001）

这套装置的基本原理是：在由热流传感器和温度传感器组合而成的传感器部位下方配置导热板，通过帕尔贴元件传热，使皮肤和测头之间产生热流，用温度传感器测定皮肤温度，用热流传感器测定测头和皮肤间的热流量。

测量方法是：首先让测头接触受试者皮肤，调整接触点的温度与局部皮肤温度等温，然后以适当的速度（通常为 0.1℃/s）使测头温度上升或下降，当受试者感到温觉或冷觉时按下开关按钮。当然，受试者感觉到温度上升或下降的时间（温度变化）越短，温度阈值越小，表示其温度敏感性越高。利用该装置可以通过温度差、热流量、热流积分等，分别对温觉和冷觉的感觉阈值进行评价。此装置可以通过微型气冷式装置消除来自测头的热流，同时也可通过计算机控制参数设定、运算、数据显示等。图 4-6 展示了实验场景。

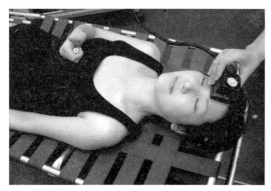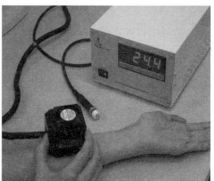

图 4-6　实验场景

4.6　温冷觉阈值的部位差异与衰老

使用我们开发的温冷觉阈值测定装置，可以对愿意接受此项测试相对困难的高龄人群完成测定。本校博士课程在读学生内田参加了本次研究，研究温度感觉的老化问题，即随着年龄的变化，温冷觉阈值是如何变化的。

选择年龄从 20 多岁到 80 多岁不同年龄段的受试者各 10 名作为研究对象，分别精确测定了其正面 14 个部位、背面 12 个部位，共 26 个部位的温冷觉阈值，环境条件、受试者的穿着、姿势等与之前的实验条件相同。图 4-7 和图 4-8 显示了各年龄组的温冷觉阈值的结果。

从全身的冷觉阈值部位差异来看，年轻女性、高龄女性组的前额、脸颊、下颌的面部阈值都很小，小腿、足背、足底等下肢部位的冷觉阈值都很大，躯干部、上肢部的冷觉阈值位于面部和下肢之间，但肩部的冷觉阈值例外，其结果相对较大。整体而言，与之前的冷点分布密度、冷敏感性的结果类似，该装置对温度敏感性结果的再现性得到了确认。

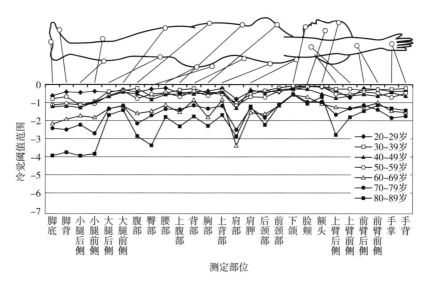

图 4-7　冷觉阈值随年龄增长的变化情况（内田和田村，2007）

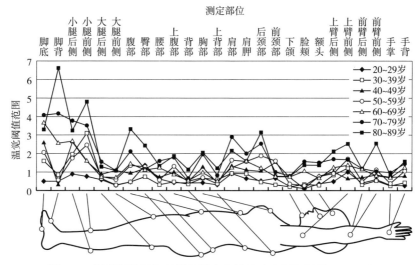

图 4-8　温觉阈值随年龄增长的变化情况（内田和田村，2007）

如图 4-7 所示，冷觉阈值的平均值分布范围如下：20 多岁女性为 0.29 ~ 1.45℃、60 多岁女性为 0.52 ~ 3.34℃、70 多岁女性为 0.52 ~ 3.20℃、80 多岁女性为 0.54 ~ 3.53℃，整体来看，高龄女性比年轻女性的冷觉阈值大，换言之，冷觉的敏感性随着年龄的增长而钝化。各部位存在显著差异的有：20 多岁和 60 多岁为 1 个部位，是小腿前侧；20 多岁和 70 多岁为 4 个部位，分别是腹部、小腿前侧、小腿后侧、脚底；20 多岁和 80 多岁为 9 个部位，分别是腹部、上臂前侧、小腿前侧、脚背、肩胛、腰部、臀部、小腿后侧、脚底。随着年龄的增长，呈现显著变化的部位从小腿、足部向全身扩大。

温觉阈值的结果也基本相同。图 4-8 显示了主要测定部位的温觉阈值随着年龄增加所产生的变化。测试中未发现面部的前额、脸颊和下颌因年龄增加而产生较大变化，但发现位于躯干部的胸部、腹部和腰部，随着年龄增加，温觉阈值也在增加，四肢部的变化更大。脚背的温觉阈值变化较大，20 多岁年轻女性平均在 1.04℃下能感到温觉，相比之下，60 多岁女性为 2.59℃，70 多岁女性为 4.17℃，80 多岁女性为 6.61℃，阈值显著增大，60 多岁至 80 多岁就存在 1% 的显著差异。

高龄人群的感觉钝化从足部开始

高龄化对温觉阈值的影响有从足部依次扩大到全身的倾向。特别是足部的感觉钝化，从 40 多岁人群中开始就可以观察到足部的感觉钝化现象。钝化程度的个体差异很大，如图 4-8 所示，80 多岁人足部的温觉阈值平均约为 4℃，但也有受试者的温觉阈值为 8 ~ 10℃。如果温度不高于皮肤温度超过 10℃，这类人群就感觉不到温度，所以易面临低温烫伤等危险。

4.7　与其他有关衰老的研究结果的比较

学术界关于感觉阈值的老化已经有相关研究。肯沙罗（Kenshalo）通过对 27 名年轻人（19 ~ 31 岁）和 21 名老年人（55 ~ 84 岁）进行研究，发现温觉阈值在上升。另外，楚（Choo）等人对 18 ~ 88 岁的 60 名受试者，以人体的 13 个部位为研究对象，用帕尔帖刺激装置测定皮肤温度从 33℃开始以 2.1℃ / 秒提高，以及以 1.9℃ / 秒降低时的温觉阈值。结果表明，不同部位的温度敏感性可能存在 100 倍的差异，面部和口腔敏感度较好，四肢敏感度较差，而且所有部位的冷觉敏感性更好，且冷敏感性好的地方热敏感性也很好。关于感觉阈值的老化，温觉和冷觉都随着年龄的增长而变差，四肢中，特别是足部的阈值明显上升，另外，敏感性降低的个体差异很大。

本次研究获得的结果与这些前人研究的基本趋势是一致的。但是，楚等人采用的刺激装置以 33℃为基点。人体各部位的皮肤温度不同，在接触 33℃时已经产生温觉的部位较多，因此，以 33℃作为阈值测定的条件是存在问题的。另外，2.1℃／秒、1.9℃／秒的速度变化过大，特别是高龄人群中存在运动机能反应速度的迟缓，因此所得阈值存在扩大的可能性。同时这也可能是导致 100 倍巨大差异的原因。

无论如何，随着年龄的增长，温觉、冷觉阈值的下降都超出了预期，原因从以下研究中可以看出。村田入来（1974）的报告称身体各部位皮肤的冷点随着年龄增长而减少。另外，岩村提出作为皮肤温度感受器的温点、冷点在减少，他还列举了随年龄增大，刺激从感受器到达中枢神经感觉区的神经传递速度及神经的变化。同时已经确认触觉感受器之一的麦斯纳氏小体（一种触觉感受器）的分布密度随着年龄的增加而减少，因此可以认为温度感受器的减少是导致冷觉、温觉阈值随着年龄变化的主要原因。

栃原等人在研究高龄人群的寒冷、暑热下的温热反应时指出，高龄人群对寒冷的敏感性降低，无法自行感知寒冷的高龄人群存在血压急剧上升和体温下降的危险。难以自行感知寒冷的主要原因可能是本研究中发现的皮肤温度敏感性降低，因此导致高龄人群难以对炎热寒冷采取适当的行动。高龄人群的服装需要达到保护其皮肤温度敏感性功能降低的功效。在日常生活中，洗澡时水温设定过高，以及电动按摩、电热毯、一次性暖宝宝等用品导致高龄人群低温烧伤等，主要原因是温度敏感性下降，为了防止高龄人群的生活质量下降，需要特别采取改善下肢温度敏感性下降的对策。

年龄增长导致感觉阈值下降的原因

①皮肤中感觉感受器数量变化现象。
②神经传导速度降低。

高龄人群的中暑、低体温症等问题

中暑、低体温症等是高龄人群皮肤温度敏感性下降导致的健康问题。由于高龄人群较难注意到外部环境的变化，反应行动迟缓，夏天容易中暑，冬天容易陷入低体温症。因此，对高龄人群来说，通过增减衣物有意识地进行细致的调节是很重要的。

服装内气候与人体舒适区（原田）

图 4-9 为服装内气候与人体舒适区示意图。

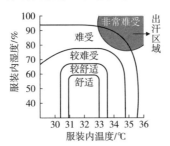

图 4-9 服装内气候与人体舒适区示意图

4.8 服装的舒适性和湿润感——皮肤没有湿润感的感受器！

在服装环境学的教科书中，记述了"如果服装内湿度达到 60% 以上，则会因闷热而产生不适感，因此要求服装材质具有吸湿、吸水、透气性"。确实如此，服装的湿润感在很大程度上影响着服装的穿着感受，如"闷热""黏糊糊""湿润"等感觉。

知觉神经末梢或特定形状的感受器负责感知冷觉、温觉、触觉、痛觉、压觉等皮肤感觉，解剖学、生理学已经证实其确实存在，但尚未发现皮肤有感知与水分有关的感受器，如湿润感等。到底人类是如何感知湿润感的呢？探明这种机制对于设计、研究舒适的服装至关重要，如没有闷热感的尿布、雨衣、鞋子等（图 4-10）。

湿润感的感受器在哪里？

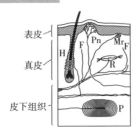

图 4-10 皮肤的知觉神经模式图（岩村，2001）

Mr—麦斯纳氏小体　Pn—外周神经　R—鲁菲尼氏小体　P—帕二氏小体
H—毛囊感受器　F—游离神经末梢

4.9　探索湿润感的真面目一——全身的湿润感

博士研究生小柴对"探寻湿润感觉的感知机制"这一主题非常感兴趣，立即开始了实验。将人工气候室的温度分别保持为恒定的 25℃、31℃、34℃，仅将湿度条件设定为在 30 分钟内从 30% 上升到 80%，接着又在 30 分钟内从 80% 下降至 30%。在此期间，受试者（24 名女大学生）进入人工气候室，穿着内衣和短裤坐在椅子上，每 5 分钟报告一次冷热感和湿润感的变化情况。实验结果如图 4-11 所示，在室温 31℃ 的条件下，全身湿润感随着湿度的上升而增加，湿度下降时湿润感也降低。在室温 37℃ 的条件下，湿润感更加显著，湿度为 80% 时已经觉得非常湿润。但是，在室温 25℃ 的条件下，即使湿度变化，湿润感也几乎没有变化。甚至湿度达到 80% 时也只有轻微湿润感。另外，设置 1 名受试者（小柴本人）在气温 31℃ 下进行同样的实验，增加从呼吸道吸入干燥空气的实验，结果发现在从呼吸道吸入干燥空气比吸入环境中湿润空气产生的湿润感低。通过这个实验，发现全身的湿润感不是来自对皮肤所接触的空气中的水蒸气的感知，而是受到气温和吸入的空气湿度的影响。

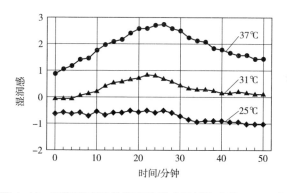

图 4-11　湿润感实验的测定结果（田村和小柴，1994）

随后通过详细分析发现，全身湿润感与空气中的水蒸气量本身无关，而与人体和环境之间的体热平衡所要求的蒸发散热量（E_{req}）和人体出汗引起的蒸发散热量（E_{sk}）之比（这里建议将其命名为湿润舒适指数）有很大关系。

探索皮肤感知湿润感主要原因的实验结果

①水温低时湿润感大。
②荷重越大，与皮肤接触的水量越多，湿润感越大。

③活动比静止时的湿润感大。

④用防水膜覆盖湿润表面时湿润感小，去除防水膜时湿润感突然变大。

4.10 探索湿润感的真面目二——局部的湿润感

为了继续研究，我们制成了一个直径为3cm的密封舱，并在其两侧安装有湿润空气的流入、流出管，将其覆盖在皮肤上，向其内部注入相对湿度10%～90%的空气，以调查皮肤表面能否感知空气湿度的差异。操作方法：可以采用湿度变动法（将密封舱内空气的湿度从10%调整到80%，再从80%调整回10%，缓慢或急剧变化时能否感觉到其差异的调查方法）及成对比较法（将两个密封舱设置在左右相同部位的皮肤上，同时给两方分别注入湿度10%、80%的空气时是否感觉到其差异的调查方法）进行研究（图4-12）。

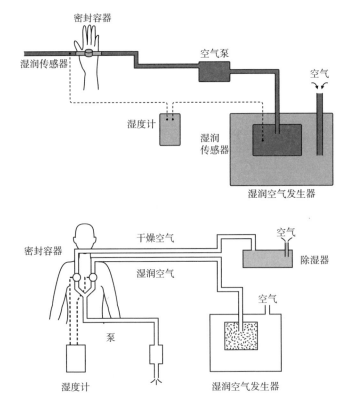

图4-12　湿润感敏感性试验装置（田村和小柴，1994）

此次实验的受试者为 3 名，测定的目标部位为 6 个。结果显示，仅手掌能感知到轻微的湿度差，其他部位即使是湿度 10% 和 80% 的差异，也没有一个受试者感知到该湿度差。

此外，小柴为了探索皮肤湿润感的影响因素，测定了以下操作时湿润感的变化：用面积不同的湿润滤纸，以及水温、水量、荷重不同的湿润棉布接触人体表面或在皮肤上滑动。实验结果表明，水分在接触皮肤的部位蒸发导致温度和热流量的变化是产生湿润感的最大原因，湿润感的强弱可能与存在液态水而引发的触觉的变化相关。

综合上述实验结果可以得出结论，皮肤表面本身是无法感知水分存在的，我们感受到的湿润感是一种综合感觉，包括水分存在引起的触感变化、皮肤表面和环境内水蒸气的压差引起的水分移动程度，以及随着潜热蒸发皮肤温度变化的速度等。

另外，我们都曾经历过这种体验——夏天长时间坐在塑料或人造皮革椅子上工作或开会，过程中没有明显的感受，直到站起来那一刻忽然感觉到闷热和湿润。这表明感知到水分存在的并不是皮肤，而是随着水分蒸发，我们把蒸发潜热的变化或皮肤温度的变化理解成了湿润感。所以对于不易闷热的功能性服装的设计，了解闷热感是如何产生的这一基本信息是不可或缺的。

部分湿润感

之前的实验是使整个房间的湿度发生变化来调查湿润感，但服装的闷热感和湿润感是在身体部分区域湿度高时感受到的。这种皮肤表面的部分湿润感在不同部位又是怎样被感受的呢？

如何设计服装以减少湿润感？

①设计夏天的内衣和运动服时，不让汗液在皮肤上残留很重要。因此，与皮肤接触的面料要采用吸水性好的纤维，目前已经研发出了表面包裹亲水性纤维的面料。

②夏天服装的经典材料泡泡纱在吸汗后表面仍有凹凸，因此与皮肤接触面小，湿润感就小。

第 5 章　测量服装的保暖性、散热性

第 3 章介绍了服装对人类体温调节的作用。寒冷季节服装的保暖性、炎热季节服装的散热性，对于体温调节来说都是不可或缺的。设计这样的服装或考虑气候和合适服装的关系时，有必要定量检测服装的保暖性和散热性。服装的保暖性测定要采用什么方法？使用什么单位呢？本章对此进行讲解。

5.1　美国暖体假人的研发

第二次世界大战期间，美国军队面临着沙漠的炎热和北欧的寒冷等气候问题。对士兵来说，比战斗更可怕的是受到酷暑和严寒影响而导致的疲劳、损伤问题。为了研发能够让士兵在寒冷环境下入睡的"睡袋"，定量测定装备的保温能力成为当时哈佛疲劳实验室和气候研究团队最关心的事情。

在这样的背景下，他们尝试了各种各样的"睡袋"研究。先进行的实验是尝试让受试者使用并评价哪种睡袋的保暖性更高。但是，因受试者的个体差异和状态而产生了很大的评价偏差，并且给受试者带来了负担。为了解决这些问题，他们研发出首个暖体假人代替人类测试服装的保暖性。首个暖体假人的结构非常简单，即用铜管将与头部、身体、四肢、手脚大小不同的金属罐子连接起来，在这个系统中，用和体温温度相近的温水循环流动。但是由于过于简易，无法实现正确评价睡袋保暖性的目标。不过以此为契机，再加上当时科学技术的飞速发展，1943 年，世界上第一个电加热暖体假人问世，其内部设置了加热器和风扇，且可以利用恒温器调节温度。当时有报告称，该装置不仅完成了睡袋保暖能力的测定，也对羊毛针织内衣、厚羊毛袜、极地用袜的组合套装的保暖性进行了测定，且实现了 2% 的精度。

此后，美国的暖体假人研发进一步提高了精度。1946 年，一位雕刻家以 3000 名美国士兵的人体测量数据为基础制成蜡模，接着镀上 3mm 厚的电镀铜壳（之后将蜡融化），内部采用电加热方式，制成"铜人"，实现了平均皮肤温度的可调节，其表面被涂成接近人体表面放射率 0.98 的黑色。以此种方式加工而成的第 1

个暖体假人模型被命名为"昌西"，10 个以同样方式制造的暖体假人模型被送往美国其他相关研究机构。之后，各研究机构取得了很多研究成果，除了"睡袋"外，还完成了士兵的服装装备、各种防护服的开发和保暖能力的评价。图 5-1 展示的是美国研发的暖体假人。

图 5-1　美国研发的暖体假人

图片来源：R.F.Goldman 提供

　　现在，平面面料的热阻虽然是通过发热平板法（遵循 ASTM 标准）来评价的，但是睡袋和服装都是包裹人体的构造，为了更精准地评价它们的保暖能力，具有与人体相同外形和温热特性的暖体假人（Thermal Manikin）是必不可少的。

人体穿着实验的局限

　　要评价服装的保暖性，最简单的方法就是穿在人身上，只要测定服装内形成的微气候即服装气候，分析其与穿着感觉的关系就可以了。但是，受试者容易疲劳，而且个体差异大，上午和下午的身体状况也会发生变化。另外，评价服装时，严酷环境也会对受试者产生影响。因此，暖体假人能够代替人体进行评估。

与暖体假人"山姆"的相遇

20 多年前，我在堪萨斯州立大学环境学研究所见到了昌西暖体假人"10 兄弟"中的"山姆"（图 5-2）。"山姆"虽然已经"40 多岁"了，但仍服务于专用的人工气候室。时至今日，他仍在不断为各种服装实验提供数据，从日常服到防护服，种类多样，对我的研究也提供了大量帮助。

图 5-2　暖体假人"山姆"

5.2　日本暖体假人的研发

暖体假人在日本的研发比美国整整晚了 15 年。1958 年，户田通过将铜薄板敲打固定到和纸的纸膜上，制成了首个铜制人体模型，他的弟子稻垣等人一起测量了日常服装和工作服的克罗值，以及对服装的叠穿效果和男女的季节服饰进行评价。但此模型尺寸太大，只能穿着特殊尺寸的服装。1977 年，三平等人尝试制作了根据日本人标准尺寸制作的男、女暖体假人（图 5-3）。该暖体假人由厚度为 5mm 的铝制成，全身分为 17 个部位，可以实现表面温度的控制和热量供给的定量控制。三平等人在各种温度条件下对假人的对流、辐射散热情况、气流的影响、各部位散热量的分布、室内气温分布的影响等进行了充分的实验，并以此为基础，完成了各种服装的全身及局部热阻测定。之后，由于工作变动，到大阪市立大学（现已更名为大阪公立大学）从事研究工作的三平与共同致力于该研究的花田一起，尝试开发制作能进行姿势和动作变化的保温性测试用暖体假人。此后，利用这些暖体假人，开展了诸多研究，包括不同姿势对运动服、连衣裙、浴衣的保温性所带来的影响，服装的空气层或贴身服装时随着动作带来的气体交换，热气流的移动而造成的影响，裙子的设计、摇动对保温性的所带来影响等。另外，花田等研究者针对市面上面料不同、款式各异的男女贴身内衣的保温性，各类洋服、和服的保温性等通过克罗值进行了精细的测定，深入研究了服装的重量与克罗值的关系，以及单件衣物克罗值与叠穿、组合穿搭等衣物整体的克罗值的关系，提供了实用性强，且可以用在多种场合的与热阻相关的信息。

（a）全身照片

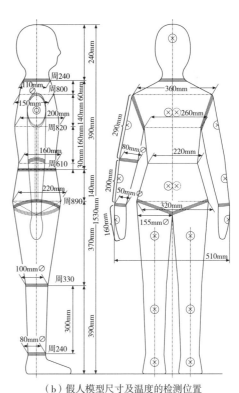

（b）假人模型尺寸及温度的检测位置

图5-3　日本的保温性测试用暖体假人（三平，1974）

日本人的标准尺寸

1970年前后，日本并没有日本人标准尺寸的相关报告。因此，在当时，为了日本人成衣尺寸的设定，我对200人的身体各部位尺寸进行了测量，但是很久之后才知道三平等研究者此前已将这些测量值作为人体模型的尺寸来使用。

5.3 文化学园大学暖体假人家族的研发

我在很早之前就意识到了在服装领域中用暖体假人进行保温性测试的重要性，1981年，我们团队以有着日本女性标准尺寸和体型的女学生为参照，制作了拥有贴合实际体型的铝合金人体模型。该模型如图5-4所示，被分成13个部位，并在各个部位放置了微型加热器，通过暖风循环的方式控制表面温度，并能够控制定量输入，还原了30名成人女性在温度28℃、相对湿度50%，且无风、安静状态下不同部位分布皮肤温度的近似值，同时将能够满足各个部位实际温度分布的除了定量输入值进行设置，以供后续实验使用。使用上述方式进行一系列基础研究，如同一面料、同一款式的服装，其披覆面积、叠穿件数、服装下空气层与热阻的关系、气流的影响、与人体模型表面局部的热传导率相关的皮肤温度分布、人体曲率、气流速度等影响相关的研究以外，其也运用在面料对包括和服在内的各种服装的克罗值的影响，以及各类寝具的保温性等相关应用研究中。

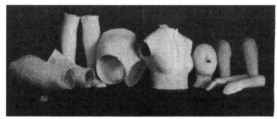

（a）根据日本女性标准体型来制作的石膏像
（上半身和下半身的石膏像模型数据来自不同的人）

（b）使用石膏所制成的体　（c）铝合金制足部　（d）制作完成的暖体假人
型为标准体型的人体模型

图5-4　保温性测试用暖体假人"AYA"的开发（田村等人，1985）

时至今日，包括以商业为基础的生产在内，世界各地像这样的为了对服装保温性进行测试的暖体假人越来越多，有铜、铝、铝合金、强化塑料等多种材质，多种部位划分、供热方式，甚至具有可动性关节、可以模拟汗液挥发的暖体假人（图5-5）。这样一来，从人体表面到外部环境的全身及各部位的显热、潜热传递，与之相关的服装面料、结构、叠穿效果、各身体部位特征，以及姿势、动作、气流、室内温度分布的影响等，都可以通过暖体假人进行物理方面的有效测评。

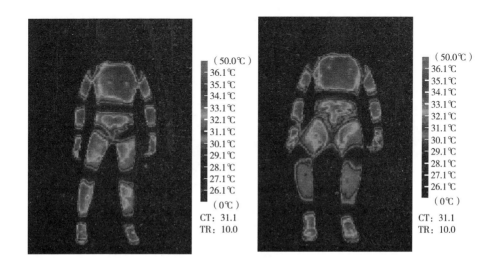

图 5-5　可温控小学生暖体假人（金和田村，1997）

关于日本保温性测试用人体模型 AYA 的研发

我在研发保温性测试用人体模型的初期，要求该模型的尺寸必须能够穿上日本人的常规服装，且该模型拥有日本人的平均体型及尺寸。但是，在200多名学生中，对拥有日本人平均体型及尺寸的学生进行寻找过后，竟无一人符合上述要求，所以最后模型上半身使用了学生 A 的体型与尺寸，下半身使用了学生 B 的体型与尺寸。用石膏将二者的体型进行还原与脱模，将制作完成的模型拼接组合在一起，终于完成了 AYA 的原型。在制作过程中也认识到了虽然是平均值但并不存在一切都接近平均值的人这一事实。

同时，AYA 通过当时的文化女子大学（后更名为文化学园大学）的"文"字音译得名。

从那以后，在文化学园大学中形成了一整套的幼儿、儿童、成年女性、成年男性的"模型家族"。

5.4 表示服装保暖性的单位——克罗值

克罗值（CLO）作为用于描述服装保暖性的单位，被世界上多数国家所使用，并被列入 ISO 评价标准中。克罗值为 1941 年在美国进行暖体假人研发时，由加格（A.P.Gagge）等研究者提出，将克罗值作为统一单位进行使用。该单位便于从事服装保暖性相关研究的研究员，即空调技术员、物理学家、生理学家间统一使用，具有实用性。1 克罗值被定义为在气温为 21.2℃、湿度处于 50%RH 以下、气流为 10cm/ 秒的环境下静坐时，让受测者感到舒适的服装保温性（图 5-6）。

室内的气温 21.2℃
湿度：50%RH 以下
气流：10cm/秒

舒适

1克罗值的
衣服

图 5-6　1 克罗值定义示意图

温斯洛（C.-E.A. Winslow）等研究者致力于将克罗值进行标准化规范：处于上述测试条件中的男性受测者的能量代谢标准值为 50kcal/m² · hr（1MET）、处于舒适状态的平均皮肤温度为 33℃，人体的显热移动量约占能量代谢的 76%（假设剩余 24% 的热量随着蒸发进行了潜热移动）。根据上述对 1 克罗值的定义，可以通过下列公式来计算 1 克罗值的热阻（R_d）：

$$R_d = \frac{t_s - t_a}{H_d} = \frac{33 - 21.2}{50 \times 0.76} = 0.32 \quad (℃\ m^2hr/kcal) \tag{5-1}$$

此处，服装的热阻为服装表面空气(分界层)的热阻与服装本身热阻相加的和，其中由于空气的热阻为 0.14（℃ m²hr/kcal），因此 1 克罗的服装其本身的热阻为 0.32-0.14=0.18（℃ m²hr/kcal），同时表示相当于 0.155（℃ m²/W）的热阻。因此，服装的热阻值为 0.18（℃ m²hr/kcal），同时用该值除以 0.155，就可以换算出该服装的克罗值。

但是，克罗值是包含人体及不被服装覆盖的头部等部位全身的散热量来对保温性进行表示的单位，面料的热阻及服装局部的热阻无法用该单位进行表示。因此，下文对人体全身放热对应的服装热阻（Thermal Insulation）用克罗值进行表示，对一般的热阻（Heat Resistance）则采用 Rid 来进行表示，用来区分这两种热阻。

克罗值单位

克罗值的单位为 CLO，1 克罗值的服装，大约相当于一套西服，即让人感到舒适的春秋服装。

A.P. 加格（A.P.Gagge）

从事人类与环境的热管理相关研究，作为 SET*（新有效温度）的倡导者闻名。

热阻的公式与电阻的公式相似

电流 × 电阻 = 电压

热流 × 热阻 = 温度差

$$热阻 = \frac{温度差}{热流}$$

5.5 关于服装表面空气（边界层）的热阻

由于服装是通过纤维编织的面料构成的，所以服装的热阻受服装内部、面料内部、服装表面空气的热阻、流动性的变化而产生变化（图 5-7）。因此，对于服装热阻的测量将通过使用站立、静止状态下的暖体假人，在无风状态下所测量出的热阻为基础，对于服装表面空气（边界层），将通过下述三种克罗值来进行定义。

①总热阻：包括穿着衣物的表面空气（边界层）在内的服装总热阻。

$$I_{\text{total}} = \frac{\bar{t}_s - t_a}{0.155 H_d} \qquad （5-2）$$

式中：$\bar{t}_s$ 是的平均表面温度（℃），t_a 是气温（℃），H_d 为给暖体假人的供热量（$W \cdot m^{-2}$）。

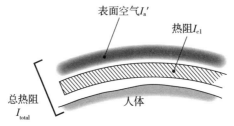

图 5-7　服装表面空气的热阻示意图

②有效热阻：用服装的总热阻减去未着装暖体假人表面空气（边界层）的热阻后的热阻。

$$I_{clo} = I_{total} - I_a \qquad （5-3）$$

③基本热阻：服装的总热阻减去服装表面空气（边界层）的热阻后的热阻。

$$I_{cl} = I_{total} - \frac{I_a'}{F_{cl}} \qquad （5-4）$$

I_a 为通过未着装暖体假人所求出的边界层的热阻（clo），F_{cl} 为穿着衣物的表面积系数（穿衣假人外表面积的比与裸体假人外表面积）I_a' 为衣着表面边界层的热阻(clo)。此处衣着的表面积系数，可以通过实际测量或是公式 $F_{cl} = 1.00 + 0.28I_{cl}$ 求得。

另外，在 ISO 9920：2003 中，使用暖体假人测定热阻的推荐条件如下。

·环境气流：$0.15m \cdot s^{-1}$ 以下。

·气温与平均辐射温度差值：-1℃以下。

·相对湿度：30%～70%，其中 50% 最为适宜。

·暖体假人的显热转移量（热量供给）在 40～80w·m^{-2} 的范围内，至少为 20w·m^{-2} 以上。

·平均皮肤温度：32～34℃，使测试时候的温度能够接近热量在中立状态下的人体皮肤温度分布，或者使全身均匀统一。

·气温：设定的温度比平均皮肤温度低 12℃以上。

·在至少持续 20 分钟以上的平衡状态下获取测量值。

5.6　不依赖于暖体假人的克罗值的估算

并非所有实验过程中都有暖体假人的存在。这时，可以使用下述公式来估算服装克罗值。

单件服装的有效热阻（I_{clu}）的演算公式为：

$$I_{clu} = 0.0043A_{cov}+1.4d_{fab} \times A_{cov} \tag{5-5}$$

将单件服装进行组合的基本热阻（I_{cl}）的演算公式为：

$$I_{cl} = 0.161+0.835 \sum I_{clu} \tag{5-6}$$

另外，虽然精确度稍有下降，但也可以使用 $I_{cl} = \sum I_{clu}$ 来进行推算。

式中：A_{cov} 为单件衣物对人体表面积的覆盖面积比（%），d_{fab} 为面料的厚度（mm）。

使用暖体假人测定的常见服装单品的有效热阻（I_{clu}）详见表 5-1，可以通过衣着克罗值及有效热阻的和进行求解。

表 5-1　常见服装的克罗值

服装种类	热阻［克罗（I_{clu}）］	服装种类	热阻［克罗（I_{clu}）］
贴身衣物： 　女性内裤 　长内裤 　背心 　T恤 　长袖衫 　内裤与文胸	 0.03 0.10 0.04 0.09 0.12 0.03	毛衣： 　无袖毛衣背心 　薄毛衣 　常规毛衣 　厚毛衣	 0.12 0.20 0.28 0.35
		夹克： 　夏款薄夹克 　常规夹克 　工装夹克	 0.25 0.35 0.30
衬衫： 　短袖 　薄长袖 　普通长袖 　厚长袖 　薄长袖衬衫罩衫	 0.15 0.20 0.25 0.30 0.15	保温、纤维聚合面料： 　连体服 　裤子 　夹克 　背心	 0.90 0.35 0.40 0.20
裤子： 　短裤 　薄裤子 　常规裤子 　厚裤子	 0.06 0.20 0.25 0.28	户外服装： 　大衣 　羽绒服 　派克大衣 　连体工作服	 0.60 0.55 0.70 0.55
裙子： 　薄裙子（夏款） 　厚裙子（冬款） 　半袖薄裙子 　长袖冬款裙子 　连体服	 0.15 0.25 0.20 0.40 0.55	其他： 　常规袜子 　厚袜子 　厚半膝袜 　尼龙连裤袜 　鞋（薄底） 　鞋（厚底） 　常规靴子 　手套	 0.02 0.05 0.10 0.03 0.02 0.04 0.10 0.05

资料来源：ISO 9920—2003。

5.7 服装湿阻的测定——出汗暖体假人的研发

在炎热环境下测试服装的汗液蒸发性（即蒸发抵抗性）时，需要用到能够调节皮肤温度及水分蒸发量的人体模型。一般我们将该类模型称为出汗暖体假人。

冯塞卡（Fonseca）在站立的铜制暖体假人表面，用湿润的针织 T 恤面料进行覆盖，模拟人体的出汗状态，以此评价 10 种内衣及外衣组合穿搭情况下的热移动特性。之后，世界各国开始了对供水、控制系统各不相同的出汗暖体假人的研发，其中最具代表性的几个如图 5-8 所示。

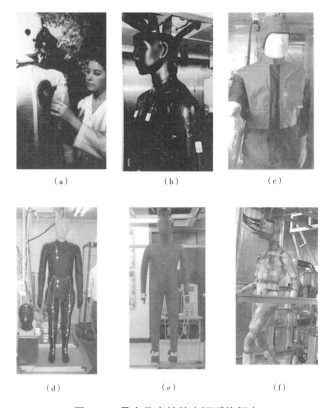

图 5-8 具有代表性的出汗暖体假人
（a）喷淋式（MeCullough，堪萨斯州立大学，美国），（b）水蒸气输送、放散式（大阪工业技术试验所等，日本），（c）供水泵的出水调节式（水蒸气透过型）（Meinandor，芬兰），（d）供水水泵的出水调制式（液态水型）（田村，文化学园大学，日本），（e）喷淋透湿防水气球式（Fan，香港理工大学，中国），（f）利用滤纸式（Richards & Maltle，瑞士联邦材料测试与开发研究所，瑞士）。

我们团队研发的出汗暖体假人"JUN"的构造如图 5-9 所示。该人体模型按照日本男性的平均尺寸制成，因为头部、胸部、腰部为核心部位，以及头部、体干部位、四肢部位的 17 等分的定温控制双层构造，因此是相互独立的控制构造。控制方法是使各部位温度恒定的定温控制与发热量恒定的定热量输入控制，用于作为汗液模拟的水从储水罐经过供水泵，并最终供应给各部分所配置的 180 个出水孔，排出到皮肤表面的水分通过覆盖在全身的模拟皮肤，从出水进行大范围扩散。虽然供给的水分可以分别对头部、胸部、腰部、手臂和腿部进行调节，但一般情况下，在假人全身均匀湿润的状态下进行测验的情况较多。同时，皮肤温度是通过设置在皮肤表面的热敏温度计检测出来的，结合供给热量来进行监测。

关于表示水分透过服装的阻力的湿阻（R_e），和克罗值一样，其所测算出的湿阻的，虽然实际应该是无法均匀覆盖身体服装的湿阻，但是等同于包含均匀覆盖头部、手部、脚部在内的全身服装的湿阻。

另外，服装表面的空气（边界层）的作用也和热阻一致，用总湿阻（R_{et}）、有效湿阻（R_{ecle}）、基本湿阻（R_{ecl}）进行区分，根据气流，以及步行、活动时产生的空气流动，对湿阻进行修正。

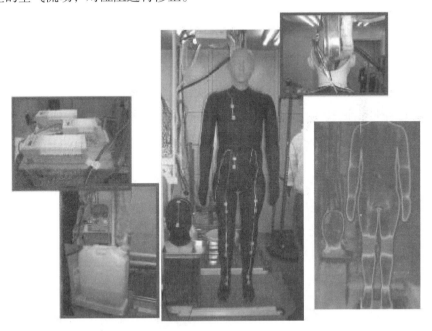

图 5-9　出汗暖体假人 "JUN"（田村，2005）

在进行测量时，给暖体出汗假人穿上服装，对进入稳定状态时的蒸发散热量 H_e（W·m^{-2}），假人表面温度的饱和水蒸气压 P_s^*（kPa），外部空气的水蒸

气压 P_a（kPa）进行实际测量。通过下述公式计算湿阻：

$$R_e = \frac{w \times (P_s^* - P_a)}{H_e}$$

（5-7）

式中：w 表示皮肤的湿润率（假设皮肤整体被水浸湿的蒸发量与实际蒸发量的比），完全被水浸湿的湿润假人设定 $w=1.0$。

蒸发散热量 H_e 的测量有两种方式。一种是设定出汗暖体假人的皮肤表面温度与外部温度相同（如两者都是 34℃），当显热移动量为 0 时，给假人的供热量就全部用于蒸发散热，这时的供热量可以直接通过蒸发散热量 H_e 求出（怀特·罗斯法）。因为该方法可以通过人体各部位的供热量求出人体各部位的湿阻，所以可以判断出服装的哪个部分湿阻更大，更容易产生闷感。另一个方法为使用精密的人体天秤对假人的水分蒸发量进行测定，乘以蒸发潜热量也可以求出 H_e（马斯·罗斯法）。这种方法只能对全身的湿阻进行计算。通过对同一个条件下所求出的供热量和蒸发热量来进行比较，可以对测量精度进行检测。在皮肤温度和外界温度有差异的情况下，将出汗暖体假人的整体供应热量减去显热转移部分，即 $\frac{T_s - T_a}{I_t}$ 计算出的值便可以被视为 He。但是因为湿服装的热阻和干服装的热阻不同，如何解决因干服装中带入的 It 而产生的误差是一个重要课题。

皮肤模型的开发

通过使用模拟人体皮肤的温度与出汗的平板模拟模型装置（图 5-10），可以在水分和热量共存的条件下评价面料的特性。

图 5-10　皮肤模型模拟装置（田村和小田，2005）

热敏温度计

随温度变化而电阻变化的半导体温度计。

出汗暖体假人 "JUN"

"JUN"是根据日本成年男子的尺寸制作的出汗暖体假人，可以依靠外部动力实现行走和奔跑。由于人类的实际体温是由恒定体温的"核心"温度和容易受到环境影响的"外壳"温度组成，所以其也拥有双重体温调节构造。遗憾的是，由于各个部位的热容量与人类并不相同，所以如何再现与人类相同的体温调节系统是一个很重要的课题。

5.8　面向全球标准的循环测试

关于湿阻的测定条件，标准文件中并未设置详细的限制。2001 年，马卡拉等研究者集合了使用出汗暖体假人对服装进行评价的世界各地的 6 个研究室（我也参加了该项目），收集和比较了从日常服到防护服的 5 种统一样本，在各自的研究室进行巡回调度测试项目的数据（图 5-11）。结果显示，关于热阻，除了各实验室的一部分数据外，其他的数据都较为类似，展示出了较好的再现性。关于湿阻阻止，虽然可以在同一研究室内对实施测试的服装进行相对的评价测试，但是在各个研究室之间，由于尺寸和控制方法等条件存在较大的不同，从现在的情况来看，突破实验室间的限制来直接比较绝对值的方法是难以实施的。关于之后的对策，至少在测定条件方面，如环境条件、假人的皮肤温度分布、出汗部位、皮肤的湿润率、湿润状态的持续性、皮肤的表面特性（透湿防水面料的使用等）、采用的计算方法等需要进行标准化规范统一。

循环测试

包括实施测试人员的技术含量在内，需要对测定方法及测定装置的可靠性进行验证，在进行该实验时，多家试验机构轮流使用相同的样品进行测试，该测试方法多用于测定国际标准。此次测试的发起者为堪萨斯州立大学的麦卡洛教授，世界各国 6 所研究所使用的暖体假人的测定结果究竟在多大程度上一致、是否符合 ISO 标准是此次循环试验的目的。

2013 年，瑞士联邦材料科学与技术研究所发起倡议，使用出汗暖体假人再次进行了循环测试，我也参加了此次测试。

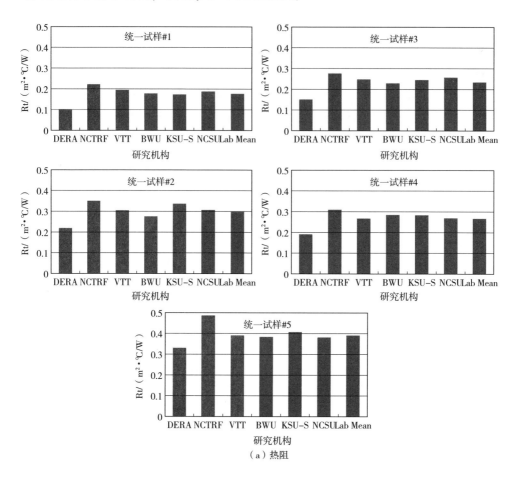

（a）热阻

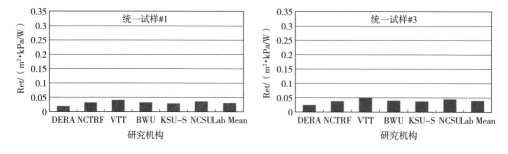

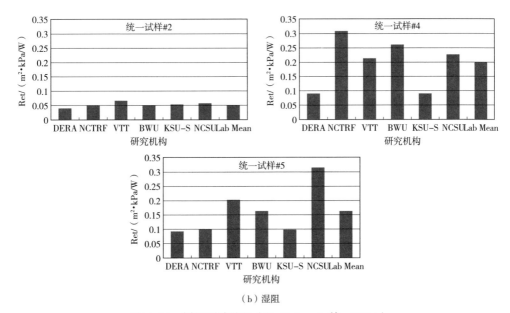

（b）湿阻

图 5-11 循环测试结果（McCullough 等，2001）

5.9 通过热阻推算湿阻

关于湿阻的测量精确度一直是研究的热点课题，因此也有学者建议通过服装的热阻来推算湿阻，公式如下：

$$R_{e,t} = \frac{I_t}{I_m} \cdot L = 0.06 \frac{I_{cl} + \dfrac{I_a}{f_{cl}}}{I_m} \tag{5-8}$$

式中：$R_{e,t}$ 为整体湿阻（m²kPa/W），I_t 与 I_{cl} 为服装的热阻，I_a 为空气层的热阻（m²K/W），I_m 为水分透湿指数，L 为刘易斯数（Lewis Number）。I_m 分布在无透湿性情况下的 0 到透湿性较高情况下的 0.5 之间，一般情况下 1 层或 2 层的服装时其数值在 0.38 左右。因此：

$$R_{e,t} = 0.16\, I_t \tag{5-9}$$

$$R_{e,cl} = \frac{0.06\, I_{cl}}{I_{m,cl}} \tag{5-10}$$

式中：$I_{m,cl}$ 为服装的透湿指数，一般情况下数值在 0.34 左右。

$$R_{e,cl} = 0.18 I_{cl} \tag{5-11}$$

PMV（Predicted Mean Vote，预测平均投票数）、SET* 等的湿阻值也根据热阻来进行推算（详见第 8 章）。然而，在对雨衣及工作服等透湿阻力大的衣物，或是以使用了特殊面料的服装为对象进行湿阻值的推算时，并不能使用上述推算方法。同时，防护服也具有完全不同的特性，因此，由于无法应用上述公式，对于各类特殊面料及高机能性服装的湿阻评价，暖体出汗假人的使用是必不可少的。

刘易斯数

刘易斯数是热扩散系数（a）和质量扩散系数（d）的比值，是一个无量纲数（$L=16.5K/kPa$）。在流体中，当热扩散与质量扩散同时出现的情况下，当热量移动和水的扩散同时发生的情况下，赋予其现象特征。

专栏

使用婴儿暖体假人对尿布的闷感评价

图5-12是我们实验室首次开发的用于婴儿腰部的暖体出汗模型。该模型为当时的研究生斜木同学全手工制作的作品，在FRP（Fiber Reinforced Polymer，纤维增强聚合物）模型的表面，用导电性好的铜锰合金线以3毫米间隔贴在模型上，然后在间隙中间填充入传热系数高的硅后，再在上面贴上同样的硅薄膜，让模型能够模拟出人体出汗的状态。通电后的模型成功模拟出了与人体相似的温度分布，那时成功的喜悦感使我至今难忘。同时，为了对当时在市面上贩卖的4种尿布进行评价，我开始关注并评估这些尿布的热阻与湿阻，以及闷感时，在国际会议上引发极大关注的研究话题（图5-13、图5-14）。之后，研究生姜同学和金同学在研究室使用了相同的方法，通过全手工挑战并制作了婴儿暖体假人、儿童暖体假人、成年女性暖体假人等大型模型。基于此，也首次对婴幼儿服装、儿童服装的克罗值进行了测试，并且进一步开发制作了脚部、

图5-12　婴儿腰部暖体
出汗模型

头部等局部人体模型，对鞋子和袜子、帽子和发髻材料与蒸发的关系，以及评价测试也在持续进行中。

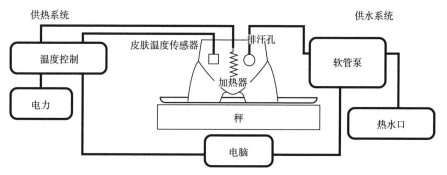

图 5-13　利用婴儿暖体模型测定尿布内侧温度与湿度的原理（斜木和田村，1995）

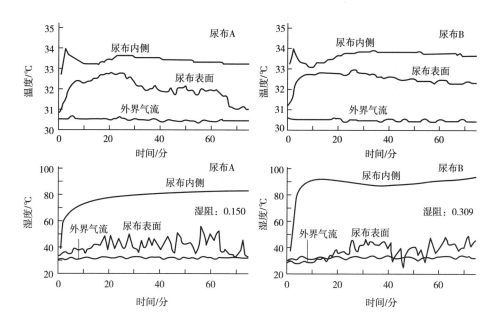

图 5-14　通过婴儿暖体模型测定的尿布内侧温度与湿度（斜木和田村，1995）

5.10 暖体假人在未来服装领域使用方面的课题

前文所介绍的在美国诞生的暖体假人现在仍然在世界范围内被广泛使用，除了各类防护服、登山服、民族服装外，在对从婴儿到老年人的日常服装评价中也占据了重要的地位。近年来，针对地球的温室效应，提倡向节能生活方式转变，人们对清凉商务套装、保暖时尚服装的关注逐步提高，服装企业也开始研发具有不同功能的服装。因此，利用暖体假人进行服装评价也越来越重要。

研究者三平称，"暖体假人不仅仅是为了再现人体的生理机能，而是为了成为一个包含服装的环境在内，能够对人体的外部环境进行物理性评估的测试仪器"，并指出暖体假人应该具备的条件，以及应当考虑到以下影响人体周围的热量及水分相关的物理量的要素，具体如下：

①产生的热量。

②热容量及蓄热分布。

③皮肤及肺部的水分损失。

④体型与尺寸。

⑤体表面轮廓。

⑥姿势。

⑦运动。

⑧皮肤表面的发射率。

⑨产生热量的部位到皮肤的热传递。

⑩皮肤触感与皮下组织构造。

目前已有的暖体假人，几乎可以覆盖到上述10项中①③④⑤⑥⑦⑧的要素。作者进一步对需要合体性的服装，例如，为了评价鞋、口罩等产品，正在开发针对⑩的皮肤触感和皮下组织的软体出汗暖体假人（图5-15、图5-16）。基于这些方法，今后需要被解决的课题有：近年来以立位、静止、稳定气流下的数据为基础，关于姿势变化所产生的影响，与椅子、床接触压迫产生的影响，汗水、雨水对服装的潮湿影响、外部辐射的影响等需要进一步地研究与积累。特别是对湿润程度所产生的影响，考虑到近年来由于服装外表湿润而导致的登山事故的情况，开发预防登山事故的登山服也是十分紧急重要的课题。总的来说，在人体无法亲身进行实验的严酷环境中，使用暖体假人来用于服装效果评价是十分有利的。

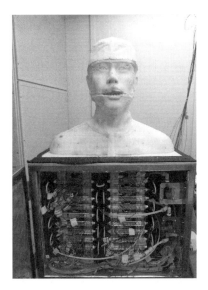

图 5-15 软体头部模型的开发（田村和京都电子工业，2012）
这是为了对口罩、眼镜、帽子等进行评价而新开发的人体模型，能模拟人体呼吸情况。

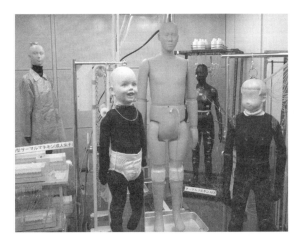

图 5-16 文化学园大学文化服装研究所的"暖体假人家族"

使用出汗暖体假人进行的共同研究

①为清凉商务所开发的套装，不再使用原来的面料而转为使用麻、竹纤维、羊毛、丝绸等天然纤维的面料，以此来考量此举是否有实效。

②人体在出汗的时候皮肤表面会散热，虽然开发了透气性较高的面料，但是需要验证在使用了该面料后透气效果究竟有多大程度的改善。

③消防员在夏季的消防活动中容易出现中暑的情况。消防服是为了在火

灾中保护身体免受火灾伤害的服装，然而一旦中暑情况发生，非但不能继续执行消防任务，甚至会危及生命。因此希望通过不同材料组合的探讨，研发出穿着相对舒适的消防用服装。

第 6 章　服装的防寒措施——控出谋入

人们在冬天感到很冷，这是因为身体的散热大于产热，体温更容易下降，因此作为防寒的对策，为了让身体的体温上升，抑制热量散失的同时还需要获取外部的热量，也就是说，需要考虑热量"谋入"而"控出"的方法。本章对为了控制体内热量的散失，应该使用怎样的面料和选择怎样的服装款式进行了介绍。此外，对根据身体不同部位采取什么更有效的保温重点及其原因等问题也进行了介绍。

6.1　通过服装抑制散热

如前文所述，人体通过传导、对流、辐射、蒸发这 4 种方式进行散热。因此，为了不让身体的热量出去，列举了下述 4 项原则：可以考虑在身体表面覆盖难以传热的热传导率低的物质（抑制传导）；减少身体表面空气的流动（抑制对流）；避免服装被沾湿（抑制热量的传导和蒸发）；抑制身体辐射热的散失，有效利用阳光等从外部进入的辐射（热辐射热的利用）。

①保温的原则是静止空气。

大部分服装都是通过纤维制成的，在某种程度上，服装也可以说是纤维空气和水蒸气的混合物。纤维的热传导率如表 6-1 所示，在热传导率为 0.157 ~ 0.662 的范围内。碳纤维与金属和水还有玻璃等物质相比，属于热传导率较低的物质。然而，空气的热传导率为 0.026，比纤维的热传导率更小。因此，服装含有的空气量越多，服装的热传导率就越小，也就是说热阻（保温性）就越大。这时重要的是，在空气保持静止的状态下，空气的热阻（热传导率的倒数）很大，但是一旦出现突然且急速的空气流动就会急速下跌（图 6-1）。因此，服装中的空气保持静止状态，就会发挥较高的保温性；一旦空气不能保持静止状态就会形成对流，导致散热现象的出现，保温性也会急速下滑，即为了保持保暖性，穿着"静止的空气"这一点十分重要。多数人们有过明明穿着保暖的毛衣，但被风一吹依然感到很冷的经历，也就是原本在毛衣中保持静止的空气通过毛衣纱线的间隙与静止的空气发生了对流，破坏了空气的静止状态，因此让人觉得十分寒冷。

夏天的时候，人们都会尽量穿感觉到凉爽的服装，这就是该面料可以有效地推动内外空气的交换，形成对流的缘故，但是这类服装是绝对不能在寒冷的时候穿的。那么接下来，针对防寒，为了穿着能够保持空气静止的服装，让我们对面料的选择方法、服装的形状、穿衣方式的注意点，以及对湿润度的考量、辐射热的利用方法等进行进一步探讨。

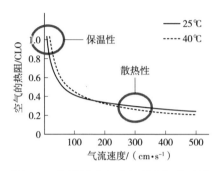

图 6-1　气流速度与空气的热阻关系图

②面料的选择方法。

纤维的热传导率因纤维种类的不同也会有所不同，热传导率高的麻等常常作为夏季服装面料，使用热传导率较低的羊毛和腈纶等常常作为冬季服装面料使用（表6-1）。但是如前文所述，比纤维本身的热传导率的差异更重要的是如何将纤维表面的空气静止。纤维被定义为细、长且容易弯曲的物质，因此单位体积的表面积大是它最大的特征。一般来说，空气是干爽的，很少会有黏的感觉，但其实当空气与其他物质接触时，在物体表面就会产生类似于麦芽糖的黏稠感。与空气的接触面大，能够保持空气静止的材料，就可以称为保温性极为有效的材料，这也就是服装保温性的缘由。关于保温性纤维，由于细纤维的单位体积表面积比粗纤维大，同时与笔直的纤维相比，卷曲且更有弹性的纤维，或者截面更复杂的纤维更容易与空气接触，所以保温性更好。

表 6-1　常见物质与纤维的热传导率

物质（纤维）名称	测定温度 /℃	热传导率（λ）/（W·m⁻¹·K⁻¹）
铜	20	372.1
纸	20	0.128
玻璃	20	0.756
橡胶	20	0.151
混凝土	20	0.81 ~ 1.40
皮革	20	0.163
木材（桐木）	30	0.087

续表

物质（纤维）名称	测定温度 /℃	热传导率（λ）/（W·m⁻¹·K⁻¹）
水	20	0.602
空气	20	0.026
毛		0.165
棉		0.243
涤纶		0.157
碳纤维		0.662

注　垂直于纤维轴的热传导率（川端，1986 年计算）。

关于面料的保暖性，除了与构成面料的纤维的性质有关外，还与构成面料的纱线的粗细，以及纱线捻度、纱线密度、面料厚度、含气率、含气量、起毛量、透气度等有关。例如，像毛线编织物一样，纱线密度较为宽松且含气量大，就会是厚且有柔软触感的面料，另外，面料表面的毛含有静止空气，所以保温性很高，触感也很温暖。通常来说，面料的单位面积含气量与面料厚度有关，如图 6-2 所示，面料越厚，其保温性也就越好。然而，上述情况是基于无风的室内环境考量的，类似针织开衫这类透气性较强的衣物，在户外有风的情况下，面料内部及身体与面料之间所含有的静止空气一旦与室外的风产生对流，其保暖性就会大幅下降。

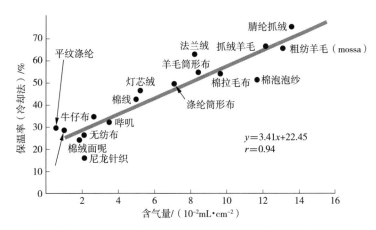

$y = 3.41x + 22.45$
$r = 0.94$

图 6-2　服装面料单位面积的含气量与保温率（田村，1985）

③服装的款式和穿法。

为了让穿着的服装尽量保持静止空气，服装的款式和穿法也很重要。在款式方面，首先要增大服装覆盖的身体面积（覆盖面积），减少皮肤与外界流动空气的接触面积。表 6-2 表示人体各部位表面积占全身表面积的比率（以日本女性为例与美国女性对比）。因此，可以根据各部位的面积比，求出服装的覆盖面积（图 6-3），服装的覆盖面积越大热阻（保暖性）就越高（图 6-4）。作为防寒措施，用袖子、长裤、帽子、手套、袜子、靴子等尽可能地覆盖住身体裸露的部位，防寒效果更佳。

表 6-2　人体各部位所占身体的面积比（田村，1985）

部位	日本女性 /%		美国女性 /%
头颈部	头部	4.5	7
	脸部	2.9	
	颈部	1.0	
	上部	7.2	
躯干上部	中部	7.6	
	下部	5.1	35
躯干下部	上部	11.2	
	下部	6.3	
	上臂	7.9	
上肢部	前臂	5.9	19
	手部	4.7	
	大腿	15.8	
下肢部	小腿	13.4	39
	脚部	6.5	

注：日本女性头颈部合计 8.4，躯干部合计 37.4，上肢部 18.5，下肢部 35.7

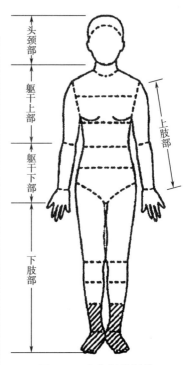

图 6-3　人体部位划分

被覆盖的身体面积计算公式

例：袜子为

足部 + 下脚 $\times \dfrac{1}{3}$ = 6.5 + 13.4 $\times \dfrac{1}{3}$ = 10.97%

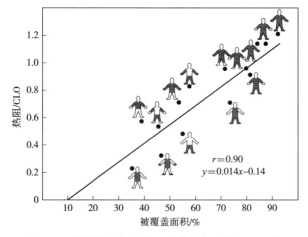

$$r = 0.90$$
$$y = 0.014x - 0.14$$

图 6-4　被覆盖面积与热阻（岩崎和田村，1985）

在户外，如果用皮革、紧密的编织物或表面带有涂层等透气性差的材料作为外衣进行叠穿，就会抑制身体和服装之间的空气流动，从而提高保温性。使用空气含量高的、蓬松体积大的填充棉和通气性差的材料制成的多夹层的绗缝式样面料，轻便又保暖，是最佳的保暖性面料，所以即便是在户外强风吹拂的环境中，骑着自行车或者快步行走形成强对流的条件下，也能够保持很高的保温性。但是，由于绗缝部分的空气层很薄，所以热量容易流失。被褥等日用品为了确保较高的保暖性，在其双层绗缝、箱型绗缝等缝制工艺方面也下了功夫。另外，比起紧身的服装，那些稍微宽松一点的服装能够使皮肤和服装之间形成适当的空气层，然后叠穿一些还能够在服装和服装之间形成空气层的服装，使其保暖性更好。叠穿的时候，将含气量大、蓬松性高的材质的服装穿在里面，将能够阻隔透气的服装穿在最外层的话，即使在有风的气候条件下也能维持服装的保暖性。以南极考察队的防寒服为例，其贴身内衣穿的是针织衫，尽管针织衫本身拥有非常好的透气性，也正因为其含气量大，作为贴身服装穿着可以得到很强的保温性。在领口、袖口、上衣口、裤脚口等开口处，服装内温暖的空气容易与外部空气发生对流，导致保温性变差。服装内的气流温度因体温变高从而变轻，形成上升气流。因此，像颈部那样服装结构向上开口的开闭方式是最有效的，开口开闭的保温性按照"向上开口＞水平开口＞向下开口"的顺序，向上开口的保温性最高。同时，使用围巾，在帽子、袖口、下摆口使用毛皮等都能有效防止服装内侧的空气与外侧空气对流（图 6-5）。

图 6-5　毛皮的帽檐毛

图片来源：青田昌秋拍摄

④对湿润度的考量。

防寒服的基本要求是穿着时保持静止空气。但是，人们在体育活动中会出汗，汗水就会打湿内衣，同时在农业和水产业等领域的工作场景中，会因外界的雨、雪、海水等使服装变得潮湿。服装被打湿就意味着热传导率低的空气被约空气热传导率23倍以上的水所取代，也就是说，服装湿润程度的提高将伴随着保温性的显著降低，而且因为水会蒸发，所以蒸发的过程也会带走身体的热量。从防寒的角度来看，无论是出汗造成的服装湿润，还是雨、雪等外部的水打湿衣物，如果已经预料到在寒冷天气下可能会发生出汗的情况，那么需要及时更换衣物，有时服装的潮湿所造成的体温冷却是致命的。另外，如果已经预想到服装和袜子会被打湿，也要准备好能够替换的服装，这一点十分重要。一般情况下，人们会使用容易清洗、吸水性好的棉质内衣，但作为在寒冷环境中容易大量出汗的运动、登山等的防寒内衣，比起吸水性好打湿不容易被蒸发的棉质内衣，吸湿性高且不容易吸水的羊毛内衣更适合。这一点在过去的冬季登山事故中也得到了验证。近年来，完全不吸湿、不易被打湿，但透湿性高、易干燥的合成纤维的内衣也被广泛应用。当预想到可能从外部被淋湿的情况，对于防寒服而言，最外层需要具有技术性及防水性的服装面料。但是，防水性服装无法使人体内部所产生的汗水，以及无感蒸发的水蒸气透过，在气温低的情况下容易在服装内侧结露，由此导致服装被打湿。对此，开发出了让雨水等水状物质无法通过但是能够让水蒸气通过的防水透湿面料在各种防寒服上被广泛使用（图6-6）。

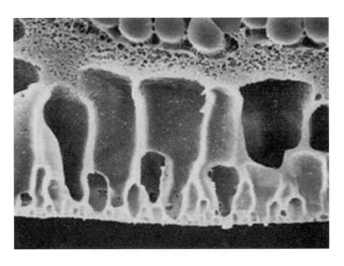

图6-6　防水透湿材料［阻隔雨水，让汗水（水蒸气）透过］

图片来源：日本东丽株式会社提供

版权所有者：entrant®

⑤辐射热的利用。

近年来，通过在服装的面料上使用辐射热反射材料的多层复合材料，开发出了抑制人体辐射热散失的防寒服，在使其轻薄且持有高保暖性的方面开展了深入研究。另外，吸收外部的辐射热更加有利于防寒，但应该注意到辐射热吸收性高的材料，其辐射性也相对较高。辐射热吸收性根据面料的颜色、表面发射率的变化而产生变化，其按照黑色＞深色＞淡色＞白色的颜色顺序降低，铝箔布的数值更低。在冬天使用的保温效果好的远红外线内衣，在纤维的内部加入了一旦加热就辐射远红外线的粒子，但是由于体温所产生的能量效果较小，因此，远红外线效果还没有被充分确认。除此之外，外部的光通过纤维中的碳化锆转换为热能，由此进行蓄热从而增强防寒性，这些材料被应用于高尔夫服及滑雪服等户外服装中。

异形断面纱线对空气的保持

合成纤维的制造过程涉及从喷嘴中挤出溶解的聚合物。因为该喷嘴为异形喷嘴，所以可以形成中空、十字形等各种各样截面形状的纤维，因此也更容易维持空气静止（图 6-7）。

图 6-7 中空结构纱线

图片来源：帝人株式会社提供

喷嘴的形状与纤维的截面形状（图 6-8）

（a）喷嘴的形状

（b）纤维的截面形状

图 6-8　喷嘴的形状与纤维截面形状对应图

空气黏性

在常温常压下，将水的黏性系数视为 1.0 的基准数值来表示各类流体的黏性系数，其中浓硫酸的黏性系数为 27、甘油的黏性系数为 1500、空气的黏性系数为 0.018，也就是说，越黏稠的流体，黏性系数就越大。虽然空气的黏性系数与液体相比数值较小，但仍然认为空气是具有黏性的。

影响空气静止状态的纤维（图 6-9）

①中空纱线［图 6-9（a）］。
②纤维的粗细度［图 6-9（b）］。
③纤维的蓬松度［图 6-9（c）］。

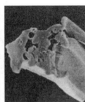

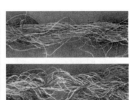

美利奴羊绒　　　开司米山羊绒

（a）　　　　　　　　　　　（b）　　　　　　　　　（c）

图 6-9　影响空气静止状态的纤维

服装款式与身体覆盖面积（图6-10）

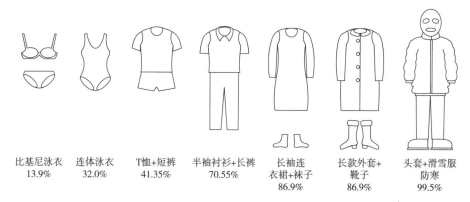

比基尼泳衣
13.9%

连体泳衣
32.0%

T恤+短裤
41.35%

半袖衬衫+长裤
70.55%

长袖连
衣裙+袜子
86.9%

长款外套+
靴子
86.9%

头套+滑雪服
防寒
99.5%

图6-10　服装款式与身体覆盖面积示意图

鞋子的闷感

由于鞋子能够将脚部严实地包裹住，限制鞋内空气流通。在脚部出汗现象中，脚底和足背出汗的机制不同，足背出汗是温热性出汗，而脚底出汗是一种精神出汗。

鞋子内的空气因出汗而湿润，当接触到冰冷的路面时很容易结露，如同冬天住宅的窗户和墙壁容易出霜一样。鞋内的环境虽然在夏天会出现这种情况，但是在冬天也容易形成高湿的环境，这是产生脚气和脚臭的主要原因。

因此，在穿着鞋子后，需要不时清理鞋内，做好除臭消毒，以及加入干燥剂，保持鞋内干燥。

光发热纤维（图6-11）

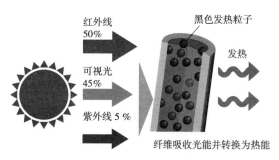

红外线
50%

可视光
45%

紫外线 5%

黑色发热粒子

发热

纤维吸收光能并转换为热能

图6-11　光发热纤维原理图

6.2　保暖哪里有效？保暖的要点是什么？

　　人体的体温调节反应因头部、躯干部、手腕部、手脚部等不同部位而不同。就防寒对策而言，对什么部位进行保温更为有效，将从以下方面展开讲解。

　　①寒冷时，热量更容易流失的部位有哪些？

　　图 6-12 表示的是在 22℃的气温中滞留了 2 小时的日本成年女性的皮肤温度分布。

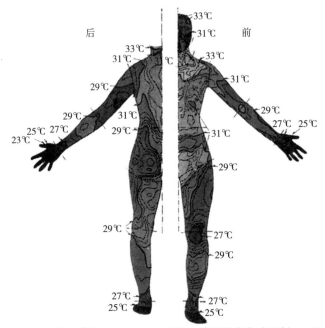

图 6-12　气温 22℃下日本成年女性的皮肤温度分布（田村，1983）

　　一般认为 22℃是一个让人感到不冷不热的，很舒适的温度，但是此时人体如果处于不穿衣服的状态的话，也会感觉到寒冷。而这时，人脚部的温度会和气温一样下降到 22℃，膝盖、脚部、臀部、手臂后方、手部等部位温度较低，额头、颈部、背部、胸部等部位相对温度较高。低温的部位是日常生活中，人们在天气变冷时容易变冷的部位，高温的部位是不容易变冷的部位。不容易变冷的部位由于皮肤温度和外界气温的差异大，身体的热量大量散失；相对地，容易变冷的部位因为皮肤温度低，和外界气温的差异小，身体散热就会被抑制。因此，从物理角度看，比起对温度较低的手脚处进行保温相比，对温暖的躯干和颈部进行保温，身体的热量损失会更少。作为防寒对策，在让冰冷的手脚变得温暖之前，首先对颈部和躯干（不含四肢）进行保温更为重要。

②寒冷时，更容易变冷的身体部位是哪里？更容易引起寒冷的身体部位是哪里？

图 6-13、图 6-14 显示的是，在寒冷天气下，受试者全身穿着玩偶服装，在去除躯干衣物和四肢衣物的情况下，各部位皮肤温度的变化情况。寒冷时，尽管躯干的皮肤温度比较高，但是一旦躯干受凉，未受凉的四肢就会出现较大的皮肤温度下降的情况，在这时，全身寒冷的感觉会增大。但是，如果四肢受寒，四肢特别是手、脚部由于具有动静脉吻合，产生血管收缩反应，尽管皮肤温度会下降，但此时没有受寒的躯干的皮肤温度则完全不受影响，反而会上升，感受到寒冷的部位也仅限于手脚。换句话说，在寒冷天气下即使手脚受冷，其影响也仅限于手、脚部，而躯干部受寒则会影响到全身。因此，关于防寒对策，第一优先顺位就是对躯干的保暖。这是因为躯干部分的皮肤比四肢对冷的敏感度更高，向中枢传递的信息量也更大。从目的论的角度来看，维持内脏温度的恒定是维持生命活动的重要因素。与此相对的是，手脚和手指是圆筒状，其表面曲率大，所以散热系数高，根据皮肤温度变化，其散热调节效果更强，所以起到了调节体温的效果器的作用。同时，由于四肢对寒冷的敏感度相对较低，所以即使皮肤温度下降到一定程度也不容易产生不适感。除此之外，手脚部位的皮肤温度下降到一定程度时，会产生血管波动反应，具有预防被冻伤的机制。

虽然，防寒对策的第一优先顺位是对身体躯干部的保暖，但这并不意味着不需要对四肢末端进行保暖。当容易受寒的部位因受寒而产生不适感时，会导致交感神经紧张。特别是脚部，一旦变冷就很难恢复，因此需要进行适当的保暖，通过对脚部进行保暖，可以获得很高的舒适感和放松感。

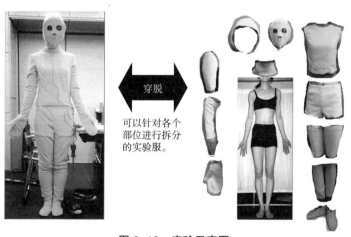

穿脱

可以针对各个部位进行拆分的实验服。

图 6-13　实验示意图

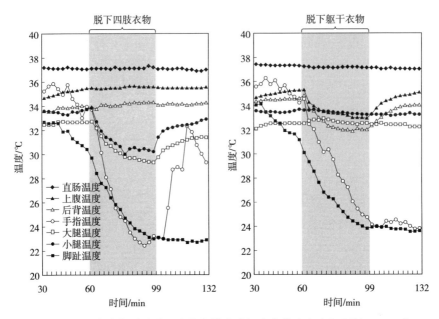

图 6-14　局部冷却时（脱下衣物）的皮肤温度变化（丸山和田村，1989）

③人体表面曲率和传热系数。

前文提到，由于四肢呈圆筒状，所以其传热系数（表示物体热传递能力的系数）也比较大。但是一般来说，热量的传递与散热的方向和形状有关。本书进行实验时在与人体有着相同体温分布的暖体假人表面贴上热流传感器（测量热量移动量的传感器），在对人体各个部位的传热量进行测量后发现，人体表面曲率越大，传热系数也就越大（图 6-15），相较于平坦的躯干部，曲率更大的四肢部位因为衣装的覆盖、露出所产生的调节效果更大。因此，对于服装的季节适应性而言，无论是哪个国家或地区，在四肢的部位对衣物进行调节，如卷起袖子、缩短裤子长度等可以说是很有道理的。

在寒冷条件下，曲率较大的上臂、臀部、膝盖等处的散热较大，还有朝向上方的部位，例如，肩膀以及坐在椅子上时的大腿等部位的散热也比较大，再加上这些部位因为服装的重量会更容易与身体接触，难以保持其空气层静止状态，这也被认为是导致这些部位容易受寒的原因之一。作为防寒对策，在这样的部位用披肩和毯子之类的物件制造空气层来抑制散热是有效的措施。

综合上述人体各部位的反应特性可以得出结论，如图 6-16 所示，寒冷条件下保温的重要程度，首先是皮肤温度不容易下降的头部和躯干部的保暖；其次是全身的保暖，特别是曲率较高的朝向上方的人体部位，如肩部、上臂部和大腿部等处，因为此类部位在服装中难以保持静止空气层，所以对这些部位进行保温也较为重要，另外，为了保持放松的感觉，有必要考虑一旦受寒就很难恢复的脚部的保温。在一些严寒地区，如俄罗斯等地，头部的保温也十分重要。

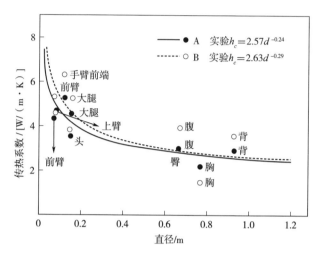

图 6-15　人体表面曲率与传热系数的关系（笠原和田村，1991）

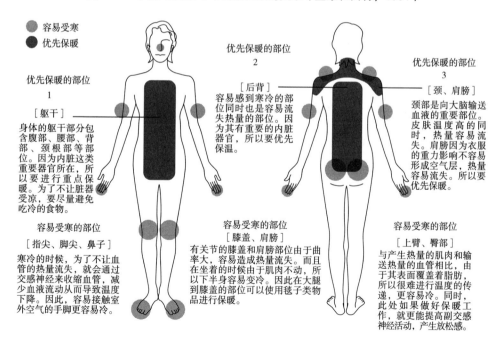

谁都知道自己的身体有哪些部位容易受寒。但是大家都能够正确认识到应该保暖的部位吗？请再次确认一下，一起来提高保暖效率吧。

图 6-16　进行保暖时的检查要点

专 栏

手指的冻伤防御反应——与寒证有关系吗?

当我们把手指放入冰水中时,手指的皮肤温度就会迅速下降。如果就这样忍耐着不抽出手指的话会产生痛感,但是再忍耐下去痛感就会减轻,与此同时,皮肤温度也会上升。但是,如果继续忍耐下去的话皮肤温度会再次下降,一直持续这个状态的话,皮肤温度会反复上升或下降(图6-17),这一反应被称为血管波动反应。当手脚暴露在寒冷的空气中时,皮肤血管就会反射性地扩张,以此来提高皮肤温度,防止冻伤。研究者还提出了将该反应进行点数化的抗冻伤指数。基于此,作者以30名女学生作为试验对象,结果显示,在有寒证的人中,这种反应有减弱的倾向。

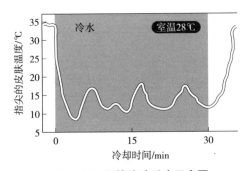

图6-17　血管波动反应示意图

服装保温时需要考虑的重点要素

①在寒冷的时候更容易变冷的身体部位是哪里?

②在寒冷的时候更容易感到冷的身体部位是哪里?

③哪个部位更容易引起寒冷?

④哪个部位热量更容易流失?

⑤哪个部位难以保持服装空气层?

(答案见下方)

解答

①手部、脚部。

②头部、肩部、背部及上臂外侧。

③头部、躯干部。

④曲率大的部位，如肩、手臂、腰、膝盖等部位。

⑤主要是人坐在椅子上时的肩、臀、大腿、膝盖等部位。

冬季皮肤干燥的原因

冬季注意防寒的同时，也需要注意皮肤干燥的问题。以日本东京为例，12月至来年2月是一年中空气中的含水量最少的月份，并且在冷风的吹拂下，皮肤的水分也更容易被蒸发。在温暖的空调房内更容易形成湿度低的环境，再加上皮肤的新陈代谢率降低，皮脂的分泌被抑制，皮肤的含水量从平时的25% 降到10% 以下，造成皮肤干燥，因此推荐使用加入保湿成分的化妆水（图6-18）。

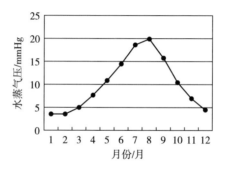

图6-18　日本东京的月平均水蒸气压图

患有寒证的人首先要保暖躯干部位

在认为自己患有寒证的人中，交感神经紧张型的人末梢血管的反射较差，同时血管波动反应也呈现出比较弱的倾向。但在这些人中，平时穿得很少，由于交感神经系统紧张，所以手脚冰凉的人很多。这一类人群只注意手脚的保暖，虽然有戴手套和穿袜子的习惯，但请首先试着保暖躯干部位。

第 7 章　服装的防暑措施——控入谋出

夏天人们常觉得热，这是因为气温高，身体的热量难以散失，积攒在体内使体温容易上升。因此，对于防暑对策而言，应该考虑如何促进身体的散热，以及尽量阻隔从外部进入的热量。也就是说，需要采取控制热量进入、谋求热量散失的方案。本章在观察了处于炎热气候环境下人体生理反应特征的基础上，探究为了有效地使身体的热量扩散出去，需要选择什么样的面料，什么样形状的服装比较好？另外，如何在户外阳光直射的情况下阻断辐射热？还有必要考虑一下防暑对策。

7.1　人先天就是耐热动物

在前文服装的起源学说中提到过，D. 莫里斯认为，从狩猎性的猿向人类也就是裸猿的转换，就是在追捕猎物的过程中需要让过热的身体冷却，因此，在失去体毛的同时，体表用于出汗的汗腺变得发达，使暴露在空气中的手脚和整个躯干表面产生大量的液膜，达到比较大的冷却效果。也就是说，人的出汗能力的增强，暗示着从猿到人的进化是在炎热环境下进行的，所以人成了耐热的生物。

为了确认上述观点进行了相关试验。斯特鲁克（Stolwijk）和哈迪（Hardy）让两名受试者分别穿一条短裤进入人工气候室，在静坐的状态下测量体温。结果如图 7-1 所示，在 18℃或 22℃的气温环境下停留 60 分钟后，让受试者移动到 43℃的环境中，受试者在 120 分钟后的体温上升仅为约 0.6℃。与此相对，从 29℃移动到 22℃气候环境中的受试者的体温下降了 1.6℃，而从 43℃移动到 18℃气候环境中的受试者的体温为下降了 2.4℃。从日常的生活温度来说，18℃是普通的气温范围，并不会觉得寒冷，但那是因为穿着服装，而如果是未着装状态处于该环境下，就会觉得寒冷。相反，43℃被认为是难以忍受的炎热环境，但如果是未着装状态，在静止的条件下体温也不会有所上升，是可以充分忍耐的气温，由此也证实人为耐热生物。但是，同时存在这样一个条件，如果人是未着装状态的，且将外界的湿度降低到不妨碍汗的蒸发的程度，人类为了适应炎热的气候条件，会在生理反应上充分地蒸发汗液。不过，现代人一般不会不着装活动，而且日本的夏天高温高湿，这就给日本夏季的衣着提出了难题。

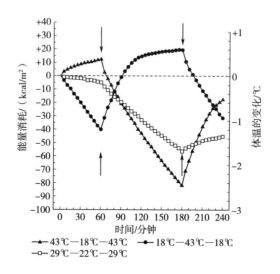

图 7-1　体温变化（斯特鲁克和哈迪）

注　①穿一条短裤（的状态下）体温从最开始，每 5 分钟进行记录；
　　②箭头表示环境变化的时间。

7.2　暑热下的生理反应

人们在炎热的天气下会表现出怎样的生理反应呢？来试着探索一下作为体温调节效果器的皮肤温度与出汗反应吧。

①皮肤温度。

首先从皮肤温度来看，在气温 34℃的室内，人体未着装且处于安静状态下 2 小时的人体热像图如图 7-2 所示，几乎全身都在 34～36.5℃的范围。在接近体温的气温下，为了尽可能地将身体的热量散到外界，皮肤血管会进行扩张，使皮肤温度上升，特别是动静脉吻合发达的手脚的皮肤温度可以上升到几乎接近体温的 36℃。但是，在身体的躯干部，由于汗的蒸发潜热造成皮肤温度降低，背面的皮肤温度显示约 34℃。不管怎么说，在这种状态下，由于皮肤温度和外部气温相差的值较小，所以不能寄希望于显热的扩散。而且，当环境气温达到 37℃以上时，由于环境气温高于人体体温，所以热量会从外界流入体内。例如，在气温达到 90℃的桑拿房中，热量当然也会流入人体体内。同时，人只要活着体内就会产生热量，所以在这样的环境中保持体温恒定的方式是，将身体本身产生

的热量和从外界流入的热量之和的总热量
通过汗液蒸发的方式散出去。

　　②出汗反应。

　　那么，我们来看看炎热气候条件下
的出汗反应吧。图 7-3 显示的是，分别
处于 28℃、34℃、37℃的人工气候室中
的未着装状态受试者不同部位的出汗量，
结果以 10 名身体健康的成人女性的平均
值进行表示。可见，出汗量随着气温的
上升而增多。从不同部位来看，出汗量
随面部、手、躯干部、脚的顺序依次增
多，此外，躯干部的后面比前面的出汗
量更大。在 37℃左右的气候条件下，每
小时每平方米体表面积出 100g 的汗。这

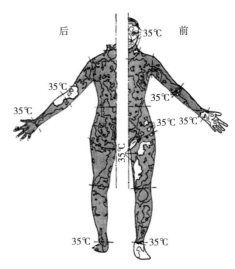

图 7-2　在气温 34℃下人体的皮肤
温度分布（田村，1983）

种汗是为了通过蒸发来给身体降温，防止体温上升，所以如果汗液掉下来或者
残留在皮肤上，就会变成无效出汗，会给体内的防暑目标带来更大的压力。因此，
让这些汗液毫不浪费地蒸发才是预防中暑的关键。

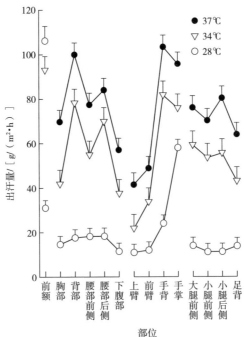

图 7-3　出汗反应（郑和田村，1998）

专 栏

皮肤的压迫与出汗

　　如果压迫人体任意一侧的腋下部位，则被压迫侧半身的出汗情况会被抑制，没有被压迫一侧的汗液会增加。这种现象被称为皮肤压迫—发汗反射，对此高木健太郎等人报告了多种研究案例。例如，用细棒按压右侧胸部，脸和胸部的正中线右侧的出汗会被抑制，相反左侧的汗液则会变多。如果同时压迫胸部两侧的话，上半身整体的出汗就会被抑制，所以在没有空调的时代，日本的歌舞伎演员会通过勒紧腰带的方式来抑制脸上的汗液，防止妆容变花。当压迫部位下降到身体的下侧时，汗液的抑制部位也会随之下降，从肚脐下到脖子下都会受到影响。压迫下半身可抑制下半身出汗，增加上半身的出汗。图 7-4 表示了在相同的环境下坐在椅子上和仰卧时出汗量的变化。仰卧时，躯体部位受到身体的压迫，由于压迫—发汗反射会使面部、躯干部的出汗受抑制，下肢部的出汗量增加。应该注意，出汗分布会随姿势而变化。

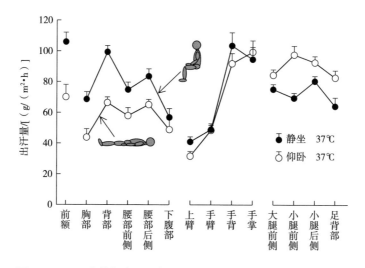

图 7-4　不同姿势与出汗量部位分布关系图（郑和田村，1998）

中暑

　　一旦体温的调节机制被破坏，体温上升就易中暑。中暑有以下几种。

①热疲劳。

大量出汗导致严重脱水。症状有无力感、倦怠感、头晕、头痛、恶心等。

②热痉挛。

大量出汗，只摄取水分导致血液中的盐浓度下降，产生脚、胳膊、腹部等部位肌肉疼痛以及痉挛等中暑症状。

③热射病。

异常的体温上升（有时 40℃ 以上）导致中枢神经出现损伤的情况。出现从头痛、头晕、呕吐等，到运动障碍、精神错乱、昏睡不醒等症状，死亡的风险也较大。

皮肤表面的出汗分布

身体各部位有多少出汗量是服装设计时要掌握的基础信息，此前我的研究团队中已有 3 名研究生对此进行了挑战：朴同学在 25~37℃ 的环境下，用蒸发量测定仪分别测量了 10 名实验对象的 29 个部位的出汗量，受试者均为卧姿；郑同学的研究结果如图 7-4 所示；之后山田同学明确了运动带来的出汗蒸发量的变化。

希望通过这些宝贵的研究成果，推动面向汗液的吸收、蒸发而研发的舒适面料的定量研究。

高木健太郎（1910—1990）

出汗和体温调节方面的权威专家，体温调节生理学中"半侧出汗"这一现象的发现者。

皮肤压迫—出汗反射的意义

目前尚不清楚为什么会发生这样的反射，但从目的论的角度来考虑，施加压力的部位也就是与某种物体相互接触的部位，即使出汗也难以被蒸发。因此，减少这些部位的出汗量，增加其他部位的出汗量，对人体来说无疑是有效的。

7.3 通过服装防暑的对策

通过服装进行防暑，需要不让体内的热量堆积，也就是说需要达成三个条件：一是要尽可能多地快速扩散掉从体内生产出来的热量；二是有效蒸发体表的汗水；三是防止来自外部的辐射热的侵入。为了达到上述目的，可以采取适当露出皮肤、通过服装开口促进换气、使用透气性好的面料、促进有效排汗、阻隔外部辐射热等方法。

①露出皮肤。

因为服装覆盖在人体的表面，所以会阻碍身体散热。作为防暑对策，通过减少服装对身体的覆盖（覆盖面积）尽可能露出皮肤，这一措施是有效的。在高温高湿的热带地区，可以通过在腰部缠绕腰布、挂布等服装来使皮肤露出，以适应炎热的气候条件。现在，人们夏天多通过穿着背心、短裤、凉鞋等来适应炎热的气候条件。皮肤温度和外部气温相差越大的部位越容易散热，如果温度差相同，则曲率越大（曲线越大）的部位的散热程度越高。因此，炎热环境条件下的皮肤温度，在手、脚、脸、颈、腕等部位较高，这些部位同时也是曲率较大的部位，可以起到炎热环境下调节热量扩散的作用，也就是说起到人体散热器的作用。因此，穿着短袖、短裤等服装，露出四肢，与外部空气相通，能够有效地散热。但是，服装还作为社会文化的一环，所以自然需要适应社会，适应 TPO 原则——时间、地点、场合。

②通过服装的开口处、服装与人体间的空气层进行换气。

被身体的热量所加热的服装内的空气，通过服装和人体之间的空气层，从领子、袖口、下摆等服装的开口处进行换气。服装的开口处相当于家里的窗户，夏天打开窗户通风是合理有效的防暑措施，同样，服装开口处也有很大的作用。作为防暑对策，即使覆盖面积大，如果服装较为宽松，布料具有弹性且服装和皮肤难以接触，则可以通过增大服装的开口，特别是领口，有助于换气散热。夏威夷的"穆穆袍"（Muumuu）因为下摆和领口相连，所以拥有烟囱状的外型和散热效果，是进行换气最好的构造。另外，在日本，一到夏天就使用有张力的麻料和浆制的浴衣，这是为了在服装内形成空气通道，以有效利用换气来进行散热。由于服装内空气特别容易在躯干部成为高温高湿的气体，所以开口处越靠近躯干部的就越有效。

③透气性面料的利用。

为了向外部扩散服装内高温高湿的空气和水分，通过开口处换气的同时，利用面料的透气性进行换气也很重要。面料的透气性与贯通面料内外的气孔（直通气孔）的面积有关，纱线越细，经纱和纬纱的纱支密度（根 / 厘米）越小，面料透气性就越大。在织物中，长丝面料显示出比纺纱面料透气性更大的倾向，强捻纱线织物比弱捻纱线织物透气性更大，苏毛面料显示出比纺纱面料透气性更大的倾向。在夏季，服装多使用乔其纱、超薄棉、麻等透气性好的轻薄面料。

另外，在日本，自古以来，罗及纱等易透气性面料作为夏季用面料被很好地设计及利用。虽然叠穿会降低服装的透气性，但与外衣相比，内衣透气性更高，能够抑制透气性的降低。

④促进有效排汗。

如前文所述，汗液的蒸发是炎热降温的最优途径。图7–5展示了汗液通过服装向外部排出的路径。从人体流出的汗液中，无感蒸发的水蒸气（气态的水分）分为通过服装的开口处和面料纤维之间的间隙向外界扩散出去的水蒸气（透湿）、被纤维吸收的水蒸气（吸湿）、被纤维吸收（吸湿）后又向外界扩散（透湿）出去的水蒸气三种。另外，流动的液体汗分为被纤维间的间隙吸收的液体（吸水）、被吸水后从纤维表面蒸发的液体（干燥）、残留在皮肤表面的液体（残留汗液）、流落的液体（流失汗液）。汗液通过蒸发的方式来释放体内热量的效果，称为有效出汗；而出汗后停留在皮肤表面和流失的汗液被称为无效出汗，无效出汗的增多会给人体带来压力。

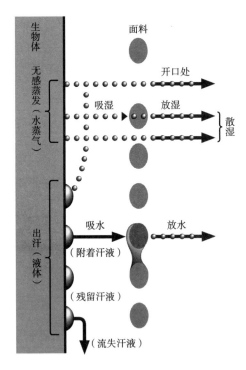

图7–5　汗液的排出路径（田村，1985）

汗液的蒸发速度与皮肤表面水蒸气压和外部水蒸气压的差值成正比，此时的蒸发传热系数可以看作对流传热系数的函数，与皮肤表面的气流和曲率有关。因此，为了促进皮肤的汗液蒸发，通过面料的吸湿性、透湿性等来降低服装内水蒸气压的同时，通过衣服的开口处、面料的透气性让风进入服装也是很重要的。一般认为，出汗量相对少的腕部和脚部由于曲率大，所以即使出汗也容易蒸发，皮肤上也不容易残留汗液。与此相对，被认为出汗量大的颈部、背部、胸部中央、腰等躯干部由于曲率小，有些部位甚至会有曲率为负的情况，因此汗液经常会因为无法蒸发而残留在皮肤上或直接流下，成为无效出汗。图 7-6 表示的是皮肤的湿润面积率（实际的汗液蒸发量与理论上能够从皮肤表面蒸发的最大出汗量的比）与炎热时的不适感的关系。这两者之间具有极高的相关性，湿润面积率（也称为湿润率）也被当作评价炎热引起的不适感的指标。

　　为了减少无效出汗，使用吸湿性、吸水性、透湿性、干燥性优异的面料是有效的解决措施。夏天的内衣如果使用这些性质的面料，既可以有效吸收汗液，防止汗液流失，还能增大皮肤的蒸发面积，促进汗液的蒸发散热。

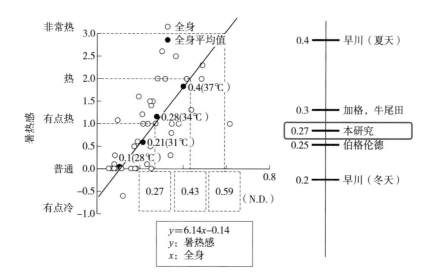

图 7-6　湿润率与暑热感的关系（山田和田村，2012）

　　另外，在运动大量出汗的情况下，由于吸水而容易出现堵塞气孔的情况，使得服装透气性减小、出现摩擦阻力增大的情况，而让人体产生不适感。由于内衣和运动服的吸水引起的发黏现象，不仅会让人不舒服，还会导致服装本身性能的下降。为了让服装即便是吸水也不会紧贴皮肤，更适合采用针织面料、绉绸、网眼布等表面凹凸且干燥性优异的材料。

　　夏天服装常用的面料成分和特征如表 7-1 所示。

表 7-1 夏天服装常用的面料成分和特征

面料成分	特征
棉	吸湿性、吸水性好，纤维柔软且触感好。但是，一旦面料含水就很难干，所以不适合大量出汗时使用
麻	吸湿性、吸水性好，蒸发速度也很快。由于纤维有弹性，服装不易贴到皮肤上。苎麻用作和服面料，亚麻用作内衣面料，都很舒服，但是价格贵。粗纱的麻料很硬，肌肤触感稍差
丝	有吸湿性、保温性、凉爽感，容易干。染色性、光泽度等很美。虽然保养很麻烦，但是最近也开发出了可以机洗的面料
黏胶	再生纤维。具有吸湿性、吸水性、放水性、凉爽感，手感也很好，适合作为夏天服装的面料成分。最近，通过与其他纤维的混纺和防缩加工等，拥有了水洗也不会收缩的效果
尼龙	合成纤维。具有吸湿性、柔软且易干的特点，也可与其他吸湿材料混纺，用于夏季面料使用
涤纶（聚酯纤维）	合成纤维。虽然几乎没有吸湿性，但是很容易干且很结实。在上衣面料中，混纺入 50% 左右的涤纶面料不容易起皱，也有张力，如果织物有空隙，透气性也可以较好

■■■ 专 栏

吸湿性 VS 吸水性

吸湿性是在纤维上吸附气态的水分（水蒸气）的特性，吸水性是在面料上吸收液态水的特性，两者的机理不同。

纤维的吸湿性（含水率）取决于纤维高分子结构中的亲水基团的数量，因此基本上由纤维本身决定。在 20℃、65% 的标准状态下，以及 95% 的高湿度条件下的各种纤维的含水率如图 7-7 所示。由于吸水性是毛细管现象，因此与纤维本身的吸湿性无关，与纤维表面的拨水性或凹凸结构、纤维与纤维的间隙结构有关。一般来说，虽然毛的吸湿性较高，但由于其表面被具有防水性的角质层所覆盖，因此缺乏吸水性。相反，涤纶等合成纤维的吸湿性低，但也可以通过对表面进行加工的方式来改变其吸水性。

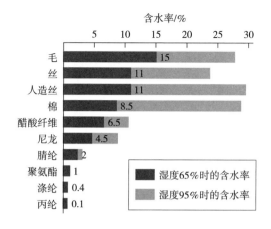

图 7-7　常见纤维的含水率

⑤辐射热的阻隔。

夏季户外防晒最重要的因素是光照。在阳光下，首先阻隔阳光的照射是很重要的，较长的罩衫和长裤很适合覆盖在身体表面用来阻隔阳光。但是，也不要忘记可以通过袖口和下摆等的开口处在衣服内形成空气内外的流动，使身体表面通风。在一些日照强烈、气温高的高温干燥地区，人们使用面纱、头巾、长袍状的服装，在阻隔阳光照射的同时还能促进服装内空气对流，也有一些看上去好像很热的宽松的厚服装，在外部气温比体温高的情况下起到了防止因传导、对流引起的热量进入的作用。

另外，在阴天户外或室内等受日照影响较小的地方，与阻隔辐射热相比，通过减小覆盖面积来促进汗液的扩散更为重要。在户外与开着冷气的车内或室内来回进出的时候，面对耐日照、冷气这两方面的问题，可以用一件上衣和大围巾搭配的方式来进行温度调节。

通常，当红外线辐射到服装的面料上时，一部分被反射，一部分被吸收，其余部分则会透过面料。防暑效果中，吸收、透过的辐射越小，反射越大，效果越好。阻隔辐射热的效果因服装面料的色相、组织、表面发射率而有所不同。如图 7-8 所示，在面料的色相影响中，热量吸收一般按照白色<淡色<深色<黑色的顺序。在面料的组织影响中，直通气孔面积越大，透过量越大。纤维自身的表面发射率被认为是 0.6 ~ 0.9，与纤维相比铝的发射率小，因此在辐射热很大的火灾现场使用镀铝加工的消防服。

作为户外辐射热的阻隔方法，常见的有使用像太阳伞、遮阳帽等物件隔绝人体与辐射热的情况，和用衣服等覆盖人体阻隔辐射热的情况。采用前者时，即使阻隔物吸收了热量，这些热量也会在阻隔物与人体之间进行散热，因此向人体传递的热量少，防暑效果较好。遮阳伞等可以采用吸收性高、穿透性小的深色材质。在利用服装进行阻隔的情况下，通过大面积覆盖身体可以阻隔辐射热，但却会抑制人体自身的散热。此外，由于衣服所吸收的热量会被传递给人体，所以白色面料比吸收性大的深色面料更适合。

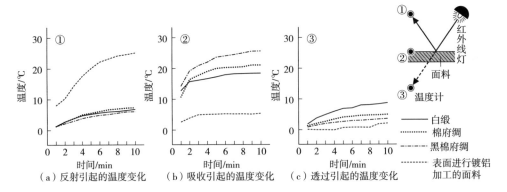

图 7-8 面料对红外线的阻隔效果（田村，1989）

预防中暑的八项原则（日本体育协会发布）

①了解并预防中暑。

②炎热的时候，进行不合适的运动可能会引发事故。

③要注意突然炎热的气候环境。

④及时补充体内失去的水分和盐分。

⑤根据体重判断出汗量是否健康。

⑥衣着单薄且清爽。

⑦身体不适是中暑的征兆。

⑧中暑后不要慌张，尽快采取急救措施。

在高温干燥地区穿着黑色长袍，对流效果更大？

在沙漠地区进行游牧生活的贝都因人的服装以没有腰带的宽松造型的黑色衣物为主。这也许有宗教文化层面的意义，但从吸热方面来看，白色的服装应该更凉爽。确实如此，白色服装的表面温度为 41℃，而黑色服装的表面温度高达 47℃。但是也曾有报告称，由于黑色服装温度高，服装内的上升气流较大，对流效果更为明显，皮肤温度与白色几乎没有差异，反而黑色服装会更凉爽。

烟囱效应

当烟囱中的空气温度比外部高时，由于高温空气的密度比低温空气的密度低，所以烟囱内的空气会产生浮力。烟囱下部的空气引入口将外部的冷空气引入烟囱的同时烟囱内的暖空气上升并扩散出去的现象，称为烟囱效应。这一效应体现在服装中的情况是，经过体温加热过的空气产生浮力，使服装内的空气上升，从领口进行散热的同时从下摆吸收外部凉爽的空气，有助于散热。

汗疹

无法排出体外的汗液堆积在皮肤的角质下，会产生水晶状汗疹，这些汗疹一旦堆积在表皮内侧，就会由于细菌的繁殖变成红色汗疹。

将汗液直接残留在皮肤上会残留盐分，使汗液很难蒸发，同时也会因为粘连的灰尘、污垢使皮肤变脏。所以，在大量出汗后最好尽快洗掉残留汗液。

人体表面曲率与水分蒸发

人体表面凹凸处的水分不容易变干，这是因为该处的曲率为负（图7-9）。

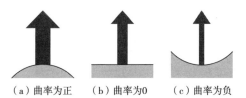

（a）曲率为正　（b）曲率为0　（c）曲率为负

图 7-9　人体表面曲率和水分蒸发速度关系图

箭头的大小表示水分蒸发速度的快慢。

吸汗速干面料特点

①纤维的侧面多孔（图7-10）。

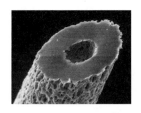

图 7-10　纤维侧面多孔的形态

图片来源：帝人株式会社提供

②纤维截面异形（图 7-11、图 7-12）。

图 7-11　纤维截面异形形态
图片来源：帝人株式会社提供

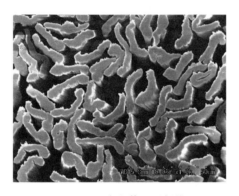

图 7-12　扁平截面形纤维
图片来源：DawaboRayon 株式会社提供

③部分速干面料的表面使用了"乙烯－乙烯醇共聚物"（EVOH）进行加工，所以即便表面吸收了水分也无法进入内部，从而容易干燥（图 7-13）。

图 7-13　拥有天然纤维功能的合成纤维
图片来源：Kurare 株式会社提供

光的波长（图 7-14）

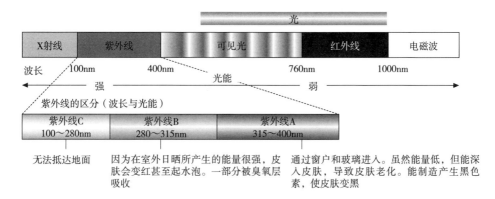

图 7-14　光的波长示意图

预防紫外线（UV）对策

作为预防紫外线的措施（图 7-15），除了防晒霜外，使用遮阳帽、太阳伞、防晒服都是有效的方法。帽子的帽檐越长，防 UV 效果越好，衣服的防紫外线效果因纤维的种类、面料的组织、厚度等而有所不同。在纤维中，羊毛和涤纶的效果较好，近年来也开发出了防紫外线的功能纤维。

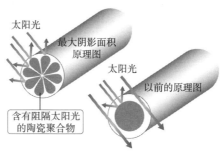

图 7-15　预防紫外线原理示意图

图片来源：Unitika 株式会社提供

7.4　接触冷感面料

近年来，作为夏天穿着时可以产生凉爽感的接触冷感面料被广泛应用。在接触冷感的测定中，使用如图 7-16 所示的 q_{max}（织物凉感性能的量化指标）的测定装置，测定时接触瞬间的最大热流量越大，接触冷感也就越大。此外，还开发了吸汗速干面料，以此抑制伴随湿接触所带来的湿润感问题，还致力于运动出汗时降低对皮肤黏附度的表面结构的研发。

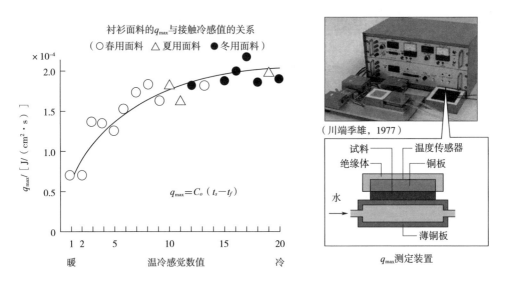

衬衫面料的 q_{max} 与接触冷感值的关系
（○春用面料 △夏用面料 ●冬用面料）

$$q_{max} = C_o\,(t_s - t_f)$$

暖　　温冷感觉数值　　冷

（川端季雄，1977）

试料　　温度传感器
绝缘体　　铜板
水
薄铜板

q_{max} 测定装置

图 7-16　接触冷感的测定 [川端（kawabata），1988]

接触冷感面料原理（图 7-17）

①为了增大接触面，使用平织的方式进行编织。
②使用热传导率较大的吸湿性面料（铜氨纤维、再生纤维等）。

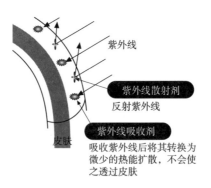

紫外线

紫外线散射剂
反射紫外线

紫外线吸收剂
吸收紫外线后将其转换为
微少的热能扩散，不会使
之透过皮肤

皮肤

图 7-17　接触冷感面料原理示意图

第8章 气候与舒适穿衣之间的定量关系——体感温度指标的利用

如前文所述，28～31℃的气温范围是人体能够通过皮肤血管的扩张—收缩反应维持体温的血管调节区域范围，即使处于未着装状态也能十分舒适。但是随着气温的下降，为了获得相同体感，所需服装的克罗值需要增加，而且体感温度随着风和光照的变化而变化，所以所需服装的克罗值也要变化。本章给出了各种温热环境与适合该环境的服装的克罗值的定量关系，即处于某种气候条件时，在该条件下舒适的服装保温性，或者给定某一套服装条件时，在穿着该服装的条件下舒适的气候条件，作为可以进行应用的方法，对 PMV、SET*、舒适温度区域预测等体感温度指标的应用实例进行介绍。

8.1 基于 PMV 的气温与舒适克罗值之间的关系

预测平均评价的平均热感觉指数（Predicted Mean Vote，PMV）是 1967 年丹麦技术大学 P.O. 范格尔所提出的环境热指标，1984 年被列为 ISO 7730 标准。其前提是式（8-1）所示的穿衣时人体与环境间的热平衡式。

$$M - W - C_{res} - E_{res} - E_d - E_r = \frac{(\bar{t}_s - t_{cl})}{0.18 I_{clo}} = h_c f_{cl}(t_{cl} - t_a) + 3.4 \times 10^{-8} f_{cl} \left[(t_{cl} - 273)^4 - (t_r + 273)^4 \right] \tag{8-1}$$

式中：M 表示代谢量；W 表示外部工作量；C_{res} 表示呼吸显热的散热量；E_{res} 表示呼吸潜热散热量；E_d 表示无感蒸发散热量；E_r 表示汗液蒸发散热量；$\bar{t}_s$ 表示平均皮肤温度；t_{cl} 表示平均衣着表面温度；I_{clo} 表示衣着的克罗值；h_c 表示服装表面的传热系数；t_a 表示气温；f_{cl} 表示着装表面积系数；t_r 表示平均辐射温度。

该公式的左边是产生的热量减去人体的工作量、呼吸道的散热量、皮肤的蒸发散热量而得到的值，右边表示从服装表面向外部对流、辐射的散热量之和，在热量保持中立的状态下为两边相等。

现在，假设平均皮肤温度为舒适时的平均皮肤温度 34℃（P_a 表示外部空气的水汽压）：

$$C_{res}（呼吸显热的散热量）= 0.0014M（34 - t_a）\tag{8-2}$$

$$E_{res}（呼吸潜热的散热量）= 0.0023M（44 - P_a）\tag{8-3}$$

$$E_d（无感蒸发散热量）= 0.35（1.92\bar{t_s} - 25.3 - P_a）\tag{8-4}$$

在舒适条件下没有蓄热（积蓄在体内的热量），假设皮肤温度和汗液蒸发散热量与代谢量呈线性关系，则有：

$$T_s = 35.7–0.032（M-W）\tag{8-5}$$

$$E_r = 0.42（M-W-50）\tag{8-6}$$

将式（8-2）~式（8-6）代入式（8-1）中，可以得到以下热舒适方程式：

$$M-W-0.0014M（34-t_a）-0.0023M（44 - P_a）-0.35（1.92\bar{t_s}-25.3-P_a）-0.42$$
$$（M-W-50）= h_c f_{cl}（t_{cl}-t_a）+ 3.4 \times 10^{-8} f_{cl}\left[（t_{cl}+273）^4 -（t_r+273）^4\right]\tag{8-7}$$

将式（8-7）左边和右边的差，即人体的蓄热量定义为热负荷 L。范格尔等人在堪萨斯州立大学和丹麦技术大学以 1396 名受试者为对象，测试在各种环境条件下上述热负荷 L 和受试者的温冷感，通过分析热负荷 L 与 +3（热）、+2（暖和）、+1（有点暖和）、0（两者都不是）、–1（有点凉快）、–2（凉快）、–3（冷）7 级温冷感指标 Y 的关系，提出了一种通过热负荷 L 预测人体温冷感 Y 的方法，这个 Y 被称为预测平均评价 PMV。热负荷 L 的预测需要对人体热舒适感产生影响的六个因素，即穿衣量、活动量、空气温度、辐射温度和气流和湿度。另外，

关于热舒适性，美国采暖、制冷与空调工程师学会（American Society of Heating，Refrigerating and Air-conditioning Engineers，ASHRAE）将其定义为"对其热环境感到满意的心理状态"，舒适性表示为室内者的心理状态、感觉。可以被容许的热环境被定义为至少 80% 的室内人员能够忍耐该环境的温度。PMV 是预测接近热量中立状态时人体的温冷感指标。范格尔认为，性别、年龄、种族等对舒适性的影

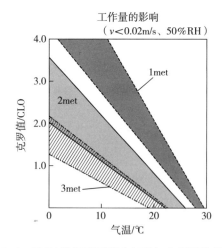

图 8-1　PMV 的舒适区域（气温与克罗值的关系）
（丸田和田村试算）

响较小。

衣着对舒适的热环境条件有很大影响。图 8-1 表示了基于 PMV 所计算出的穿着量、活动量的函数图像，与舒适作用温度的关系及其舒适范围。

体感温度指标

通过气温、湿度、气流、辐射热等因素的组合来表示人体感受到的环境温度的指标。不舒适指数也是其中之一。

不舒适指数（温度湿度指数）

结合气温 t_a 和湿度 t_w（湿球温度）的体感温度的指标。20 世纪 50 年代末期，由美国气象局发布。

$$不舒适指数 = 0.72 \times (t_a + t_w) + 40.6$$

指数在 75 以上 = 稍微有点热，50% 的人会感到不舒适。

指数在 80 以上 = 热，100% 的人会感到不舒适。

指数在 85 以上 = 热得受不了。

P.O. 范格尔（Fanger）（1934—2006）

热舒适性及室内环境评价专家，丹麦技术科学院院士。

ISO 7730

在中立环境中，对人的温冷感和舒适感进行预测的国际标准。

8.2　基于 SET* 的气温与着装舒适克罗值之间的关系

新标准有效温度（New Standard Effective Temperature，SET*）是 1972 年由美国盖吉（Gagge）等研究者提出的环境热舒适评价指标，目前被作为 ASHRAE 的空调标准。SET* 是将与外部气温无关的要素作为研究对象，用于在室内环境下对空调的热舒适指标进行评估的值，同时使用核心部和外壳部的 2 层构造来捕捉人体，由具有体温调节功效的二节点模型进行说明，并通过人体热平衡方程式导出。作为其构成要素，即影响人体热舒适性的要素，与 PMV 同样，可以给出气温、湿度、气流、辐射热及作业量（活动量）、穿衣量 6 个条件，通过将它们代入公式，如同环境与人体热平衡等价那样，即假设皮肤温度、湿度、皮肤表面热流相等，湿度 50%、气流 0.1m/s（几乎感觉不到气流的程度）的稳定气流、平均辐射温度（MRT）与气温相等，代谢为 1met（人坐立时的散热量，人体的单位表面积代谢量为每平方米 50kcal 左右）衣着的热阻为 0.6col 的条件下预测的气温，被称为 SET*。研究指出该温度设定在 22.2 ~ 25.6℃ 的范围内时，人体会感到舒适。

比如，假设人在湿度 50%、气流 1m/s、无光照、代谢量为 2met 的户外行走，代入上述表述后，可以求出与此等价的 SET* 和气温以及克罗值的关系。根据结果，SET* 在 22.2 ~ 25.6℃ 范围内的各气温所对应的舒适衣着的克罗值可以被预测。

这样，能够从 SET* 的指标求得气温条件与舒适的服装量的关系。图 8-2 ~ 图 8-4 展示了将代谢量和服装保持不变，求出气温与 SET* 的关系中，相对湿度、辐射温度、气流分别有怎样的影响。从图 8-2 可以看出，相对湿度的影响在气温达到 25℃ 以上时随着气温的上升而增大，当考虑中暑的危险率时，对于相对湿度的考量非常重要。辐射温度的影响在全气温范围内几乎平行移动，由此可知，夏天、冬天的光照会使体感温度上升。从气流的影响来看，在较高的气温下向凉爽侧的体感移动，但在 20℃ 以下的低气温中气流的影响比夏天大，在零度气温下，每增加 1m/s 气流，体感温度会降低 1℃。冬季在山上活动时，有风还是无风是影响人体健康的关键因素。

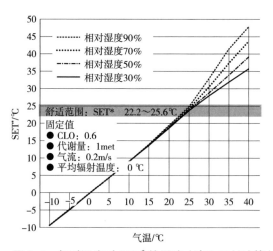

图 8-2　相对湿度对 SET* 的影响（李和田村试算）

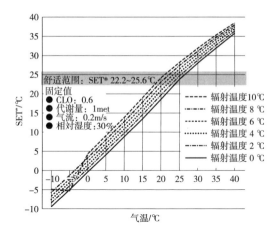

图 8-3　辐射温度对 SET* 的影响（李和田村试算）

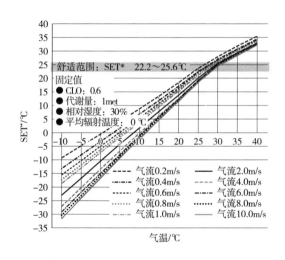

图 8-4　气流对 SET* 的影响（李和田村试算）

图 8-5 表示气温和与之相符的穿衣量（克罗值）的关系，展示了在户外步行的情况下，在气流 2m/s、湿度 50%、无光照、代谢量为 2met 的条件下，能够得到 SET* 为 22.2 ~ 25.6℃的关系线。此外，如果将在第 2 章的街角观察中观察到的行人 1 年的穿衣克罗值绘制在该气温与舒适克罗值的关系图上，则如图 8-5 所示，大部分行人的服装克罗值分布在从 SET* 得到的舒适区域中，可以看出 SET* 对舒适服装的预测与行人的穿衣选择一致，也就是说这个公式基本上是合理的。但是，在 25℃以上时，即使感觉有点热，也有很多人穿着夹克，可以看出很多人都是按照社会规范穿着的，与舒适、不适感无关。

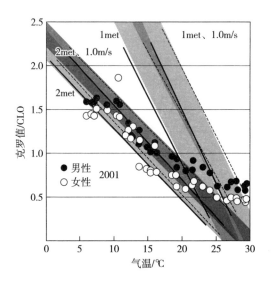

图 8-5　气温与舒适穿衣量的关系（丸田和田村，2009）

在这样的预测中，也可以模拟气流的强度、湿度、光照、代谢等的影响，如在旅行时，可以考虑根据目的地的气温、气候条件来准备服装。另外，还可以提供与季节相应的灾害救助服的装备要求。

有效辐射温度

温度计（黑球温度计）测定的辐射温度（t_g）与气温（t_a）之差。

气温对应的标准衣着

SET*（步行时，气流 1.0m/s，湿度 50%）和第 2 章中通过观察所预测的行人舒适休闲时尚的穿衣示例（单位：CLO）。

8.3　穿衣舒适区域预测

1977 年，德国环境生理学家梅皮兹（Mepitz）和翁巴赫（Wombach）提出在人体体温调节相关公式中增加服装的热阻和湿阻，以求出服装的舒适气候适应区（图 8-6）。

人体能够维持一定的体温是因为产热量和散热量相等，即

$$M - H_{res} = H_d + H_e \tag{8-8}$$

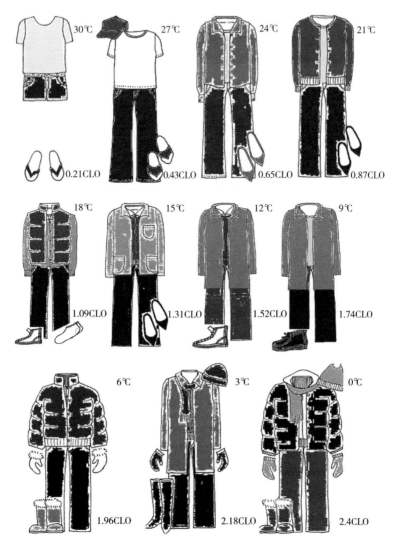

图 8-6　不同气温下的标准着装示例

式中：M 表示代谢量，H_{res} 表示来自呼吸道的散热量（代谢的约 10%），H_d 表示来自人体表面的干性散热量（显热移动），H_e 表示来自人体表面的湿性散热量（潜热移动）。

现在，如果将来自皮肤的散热量设为 $H = H_d + H_e$，将前面提到的 $H_d = \dfrac{t_s - t_a}{R_d}$、$H_e = \dfrac{w\,(P_{ss} - P_a)}{R_e}$ 代入其中进行推算，则得到以下公式用于求出穿衣的适应温度：

$$t_{a,\,adapt} = \bar{t}_s - R_d\left[\frac{H - W\,(P_{ss} - P_a)}{R_e}\right] \tag{8-9}$$

式中：$\bar{t}_s$ 表示平均皮肤温度；R_d 表示服装的热阻；R_e 表示服装的湿阻；P_{ss} 表示平均皮肤温度下的饱和水汽压；P_a 表示外部空气的水汽压；w 表示皮肤的湿润率。

因为人体具有自主性体温调节功能，所以穿一件服装能舒适地保持体热平衡的环境气候不是点状区域而是有宽度的区域。为了求得人在感到稍微凉快但能忍耐的气温的下限数值 t_{amin}，在该公式中代入有点凉快但毫无运动的话也会感到舒适的状态的生理量，例如，在 $\bar{t}_s$ 中代入 32℃，在 H 中代入安静时的代谢量，在 w 中代入感到有点冷但能忍耐即无感蒸发区域的皮肤湿润率 $w = 0.06$，在 P_{ss} 中代入 32℃的饱和水汽压，以及代入使用暖体出汗假人所求出的穿衣的 R_d 和 R_e 时，就可以求出该衣着下舒适的最低气温和湿度的组合，即衣着的适用温度的下限数值。同样地，稍微有点出汗时的生理量，例如，$\bar{t}_s$ 为 36℃，H 为人体外部作业时的代谢量，w 为开始因炎热而感到不适的 $w = 0.3$，P_{ss} 中代入 36℃的饱和水汽压，通过代入作业时的穿着的 $R_d{}'$ 和 $R_e{}'$，求出衣着适用温度的上限数值。这个衣着适用温度范围越大，该衣着就是在寒冷下也不会感觉到寒冷、在炎热下也不会出汗的理想服装。各预测公式如下：

$$t_{amin} = 32 - R_d\left[\frac{H - 0.06\,(35.7 - P_a)}{R_e}\right] \tag{8-10}$$

$$t_{amax} = 36 - R_d\left[\frac{H' - w\,(44.6 - P_a)}{R_e{}'}\right] \tag{8-11}$$

图 8-7 展示了开始清凉商务运动时，人们从以往的西装风格中舍弃西装外套、领带，从长袖衬衫变成短袖衬衫后，使用该方程式对体感温度（舒适适应区域）变化程度的预测结果。外套的效果相当于体感温度约 2℃，显示出较大效果，但领带和短袖的效果分别为 0.5℃左右。总之，将感官评价的清凉商务效果定量地使用温差进行验证评估，此处推荐之后的清凉商务开发也通过这样的定量评估来确认和推进。

套装　　　　　　有领带　　　　　　衬衫　　　　　衬衫（卷袖子）

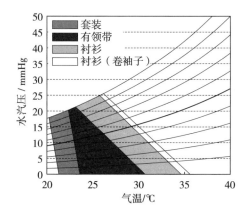

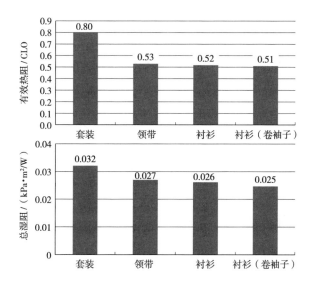

图 8-7　清凉商务服装的热阻、湿阻与气温适应范围（田村，2005）

第9章 世界的民族服装与日本的民族服装

现在，世界各地出现的民族服装大多在文明发展之前已经有了原型。也就是说，早在过去，生活与自然密切相关的人们便以在当地所能够获得的各种天然动植物纤维为素材织成面料，并进行编织，最终设计出适合当地气候、风土等自然条件且适应劳动作业和居住方式的服装（图9-1）。服装上还会再加上各种各样的装饰，以表现出民族的气节和精神等。民族服装中蕴含着与当地自然条件相协调的、丰富多彩的民族智慧。

但是，生活在现代社会的我们，在发达的科学技术背景下，过分追求生活的便利性和舒适性，导致资源和能源的过度消耗。在服装领域也出现了在冷室和暖房中享受与季节不相符的时尚倾向，作为代价，现在面临着巨大的地球环境问题。在此以将民族服装中蕴含的智慧运用到重建21世纪新时尚为视野，探讨世界各地民族服装的素材、形状、穿着方式与气候适应性的关系，以及日本民族服装及和服文化与气候适应性的关系。

天然纤维的制作方式（图9-1）

（a）棉

（b）麻

（c）丝

图9-1 天然纤维的制作方式

9.1　民族服装的材料与基本形态

民族是指以人种、语言、宗教为中心的具有共同文化特性的社会共同体，在这个社会共同体中常用的各具特色的服饰被称为民族服装（民族衣装）。民族服装代表着该民族制作服装的材料和技术，或者是该民族的审美意识和社会规范，是那个民族的文化经过几代人共同传承的产物。现在世界上存在着多种多样的民族服装，通过民族服装通常就能知道这个人属于哪个民族，民族服装和民族的关系非常密切。当然有时也用"民俗服装"表示，不过，民族是对自然、地理、历史有强烈认知的一种称呼，相对来说，民俗是像农民、渔民等以社会阶级认知为前提的称呼，所以现在民俗服装多被包含在民族服装的概念中。另外，在民族的概念中，由于与加入了政治体制的"国家""国民"的含义有所重合，作为民族服装的区分，也为了方便，使用国家名命名的情况有很多，而且某个特定民族的服饰也不是一成不变的，而是随着科学技术的进步、生活方式的变化等与时俱进。在这里，当我们讨论民族服装和气候之间的关系时，将以空调技术发达以前为时间节点，即到 19 世纪末的民族服装为探讨对象。

民族服装的材料基本以天然纤维的麻、棉、毛、绢为主。人们对羊的驯养由来已久，羊毛作为中亚地区的毛毡品，以及米索不达米亚的纺织物被使用。麻在世界各国被广泛使用，特别是亚麻。绢在中国被发现，流传到欧洲地区的时间较晚，是在丝绸之路开通后才开始的。棉花通常被认为在印度和巴基斯坦兴起，印度曾经是世界棉花工厂。表 9-1 标示了世界各地民族服装作为天然衣料的起源。

表 9-1　世界各地民族服装天然衣料的起源

国家和地区	发现衣料	发现时间
埃及	亚麻布	6500 年前
土耳其	亚麻手工艺布	9000 年前
美索不达米亚	羊毛织物	6000 年前
印度与巴基斯坦	棉织物	5000 年前
中亚地区	羊的家畜化、制作毛毡品	10000 年前
中国	养蚕和绢织物	7000～6000 年前

资料来源：纤维协会编著，《纤维的技术史》。

民族服装的基本形态大致分为腰布型、卷垂型、套头型、前开型、体形型（图 9-2）。腰布型是用带子或布围在腰间；卷垂型是把宽大的布缠卷在人体上；

套头型是在长方形的布中间开一个洞,把头套进去;前开型是把前开的服装在前面合在一起,用带子进行固定;体形型如筒袖上衣和裤子的组合一样,其形状符合人体的形态。

体形型　前开型　套头型　卷垂型　腰布型

图 9-2　常见民族服装的基本形态

常见民族服装材料（表 9-2）

表 9-2　常见民族服装材料

项目	材料种类
纤维	麻、羊、毛、棉、绢等
纤维以外的服装材料	毛皮、皮革、树皮、羽毛、鱼皮等
装饰材料	金、银、珠宝、贝壳、珊瑚、羽毛、牙、玻璃珠、镜子、昆虫等
染料、颜料	植物、动物、矿物

绢的起源说

根据记载,绢起源于公元前 2640 年左右。中国黄帝的王妃是一位西陵(今四川省绵阳地区)女子,她在想要倒茶的时候误将热水中的蚕掉落下来,准备用筷子把蚕夹走的时候,白色的蚕丝卷住了筷子,自此发现了绢。

9.2　世界各地的气候特征与民族服装

风土气候和民族服装的基本形态之间具有很强的关联性。两者的关系整理如下。

(1)寒冷地区(阿拉斯加州、格陵兰岛、加拿大北部、西伯利亚等)

这类地区的服装形态基本是体形型,由为了防寒的全身包裹型构成。寒带、亚寒带地区全年是寒冷气候，在这个地区没有防寒的衣物几乎无法生存。由于植被匮乏，服装的材料多为驯鹿、海豹、狐狸、狼等动物的兽皮和肠，还有一些会使用鱼皮等。为了保暖，这些地区的人们把皮毛的绒毛作为服装内侧的内衣使用，穿着将粗毛朝外的宽松外套、裤子、帽子、手套和长靴，这些都是该地区典型的服装。同时为了防水防雪，靴子涂上鱼油使之具有防水性，还会根据地区的不同制作具有防水性的夹克服。此外，保护眼睛不被雪反射伤害的眼罩也是必需品。

（2）温暖地区

①夏干冬湿地区（欧洲、中亚地区等）。

这类地区的服装形态基本是体形型，由温暖且能够根据四季变化进行调节的四肢包裹型服装构成。欧洲北部受暖流影响，全境气候温和、四季多变，属于夏季干燥、冬季多雨的湿润气候。服装以原本骑马游牧民族的上衣和裤子为原始形态，再加上罗马人的束腰和披风，上衣以罩衣、背心、夹克和大衣为主，下衣以男子穿裤子，女子穿裙子加上围裙和袜子等基本物件为主。在此基础上再加上装饰，就形成了各地区多彩的民族服装。其原材料在古代常用亚麻和羊毛，后来传入了棉和绢。苏格兰男子的传统服装很特别，他们把一块大格子布裹在身上并在腰间穿上腰带，但是现在常见的多是下半身的苏格兰短裙。

②冬干夏湿地区（东亚地区，如中国、日本、韩国、不丹等）。

这类地区的服装形态基本是前开型，根据地区不同，有旗袍、和服、韩服、襦等，服装形态和开口位置各有不同，多种多样。在夏天高温多湿、冬天低温干燥的东亚地区，由于季节的冷暖差异大，为了便于穿脱，常开口较大，且叠穿容易根据气候变化而调节的连衣裙型或者两件套型的前开服更为常见。夏天用麻和棉作为材料，即使在高温多湿的气候下也很凉爽，冬天则多穿丝棉袄来应对寒冷，主要分为以中国传统服装为代表的圆领型和以日本和服为代表的垂首型。

（3）炎热地区

①湿润地区（东南亚地区、南亚地区、南太平洋、热带多雨地区等）。

这类地区的服装形态基本上是束腰型，根据地区不同穿着方法也不同，比如卡因、巴拿马、赛罗、帕尔申、苏鲁等，或者纱丽等卷衣型。在常年高温多湿的地区，除体温调节外，穿着服装并非必需品，原始社会时期不着装的地区也有很多，但是随着文化的发展，出现了在一块布上进行最低限度的裁切和加工，将其缠在腰间，并把剩余部分披在肩上的形式，这种符合该地区人民在河里沐浴的习惯的服装被作为民族服装固定下来。在泰国和印度尼西亚等东南亚国家，由于高温多湿的气候风土，为了便于身体的散热，基本是简单的缠腰布或筒状裹腰衣，材料以吸湿、吸水、透气性优良的棉、麻、树皮布等为主，因多彩的染色技法而独具特色。在南亚地区的印度，类似于纱丽、多蒂等用一块布包裹的服装发展较为发达，因为服装通风且宽松而不勒紧身体，即使出汗也可以马上被蒸发掉。

②干燥地区（北非、西亚、中亚、中南美洲高原等）。

这类地区的服装基本上以套头型的斗篷式全身包裹型服装为主，也使用一部分叠穿用的前开型服装。在年降水量稀少的沙漠干旱地区和过着游牧生活的西亚地区，人们需要通过服装来遮挡强烈的日照，包括头部在内的覆盖全身的民族服装是其特征。游牧民族化服装是其他民族服装的源头，慢慢进化到不易变形、便于活动、适合坐地板的贯头衣，以及免受蝎子等动物伤害的宽松的、在脚踝收紧的裤子的组合。部分民族服装受宗教信仰的影响会戴着面纱，面纱还可以阻挡强烈的日晒、风和沙尘，是不可或缺的物品。中南美洲高原地区使用贯头式的斗篷和裤子。两地区的贯头衣因为身体和服装之间有一定的空间，所以既能遮挡阳光，又能排出多余的汗水。另外，在气温昼夜温差大的地区，作为防寒用的服装也很有效。在亚洲内陆地区还会叠穿前开型的大衣（图9-3～图9-7，坂东茜绘制）。

图9-3　寒冷地区
左图为蒙古国民族服装，右图为因纽特民族服装。

图9-4　温暖（夏干冬湿）地区
图中为希腊民族服装。

图 9-5　温暖（冬干夏湿）地区（韩国、不丹）
左图为韩国民族服装，右图为不丹民族服装。

图 9-6　炎热（湿润）地区
左侧女性所穿为爪哇民族服装，右侧女性与中间
男性所穿服装为印度民族服装。

图 9-7　炎热（干燥）地区
左图为秘鲁民族服装，中图为阿富汗民族服装，右图为约旦民族服装。

气象图

　　气象图的纵轴表示气温，横轴表示湿度及降水量，将各地每个月的平均气温与平均降水量以坐标轴的方式从 1—12 月依次列出（图 9-8 ～图 9-12）。

　　根据其折线形状，可以理解各地的年平均气候特征。

　　①寒冷地区。

　　②温暖（夏干冬湿）地区。

③温暖（冬干夏湿）地区。

④炎热（湿润）地区。

⑤炎热（干燥）地区。

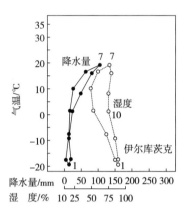 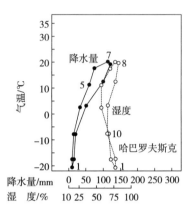

图 9-8　寒冷地区气象图

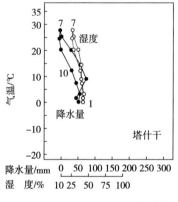 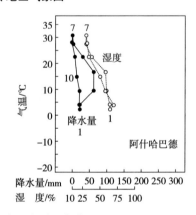

图 9-9　温暖（夏干冬湿）地区气象图

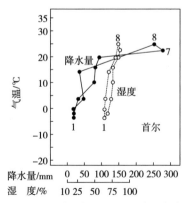

图 9-10　温暖（冬干夏湿）地区气象图

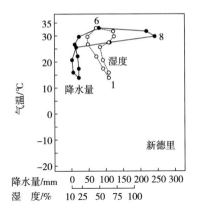

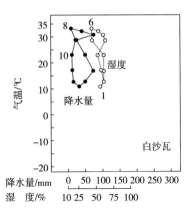

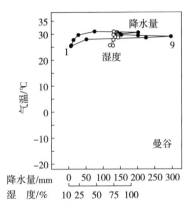

图 9-11　炎热（湿润）地区气象图

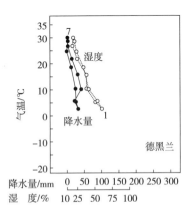

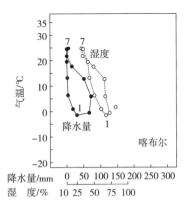

图 9-12

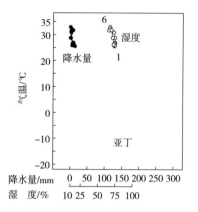

图 9-12　炎热（干燥）地区气象图

民族服装的下衣特征

从民族服装的特征来看下衣的特征，采取了方便坐在地上的式样设计
（图 9-13）。

（a）叙利亚下装萨尔瓦尔　　　（b）韩国下装巴基　　　（c）印度下装萨尔瓦尔

图 9-13　部分民族服装下衣

9.3　民族服装保暖性与气候关系的实验研究

如前文描述的诸多民族服装，其形态既能够适应当地自然环境，又传承着
适应各自社会文明和文化的独特表现。产生民族服装的主要原因，除了各个
地域的年平均气温、湿度、降水量、日照量、气压、风等气候要素外，还有
对当地居民的生活方式和文化产生了一定影响的地形、地质等风土风貌，以
及可获得的服装材料、农耕、畜牧、渔业、工业等生业的不同，还有部族的标识、

信仰、阶层年龄、晴天装、工作服等各种各样的自然环境和文化环境。但是，其中气候的影响最大。在此以东亚、东南亚地区民族服装与该地区气候关系为例进行进一步的探讨。

（1）研究地区和研究地区的民族服装

图 9-14 展示的是研究地区和研究地区的民族服装示例。分析各地的气候，其中巴厘岛的年平均气温为 27.1℃、湿度为 74%，老挝为 25.5℃、78%，全年天气都是极端高温且多湿。印度的年变动比较大，气温是 14.2 ~ 33.8℃，湿度为 30% ~ 75%。中国台湾地区的平均湿度为 81%，常年湿润但气温为 14.8 ~ 28.6℃，稍有变化。日本冲绳气候与中国台湾地区相近。相反，韩国和日本的特点是夏季高温多湿、冬季低温低湿，其中韩国冬季气温下降幅度较大。

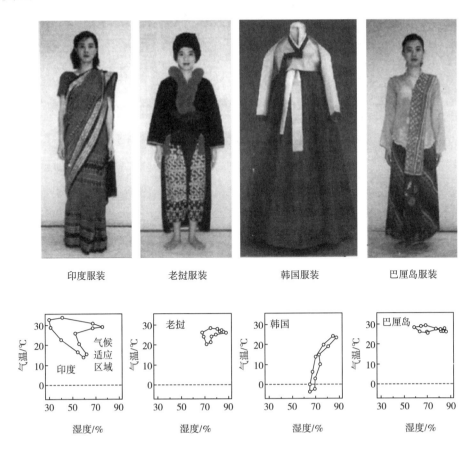

图 9-14　研究地区和研究地区的民族服装（田村和山本，2001）

（2）民族服装各个部位的克罗值与面料、形状的关系

用文化学园大学的暖体出汗假人测量各民族服装的热阻和湿阻（图9-15），结果如表9-3所示，热阻最小的为老挝C款的0.459CLO，最大的为日本B的1.200CLO，湿阻最小的为巴厘岛A款的0.126mmHg·m²·h/kcal、最大的是韩国的0.493mmHg·m²h/kcal。各国民族服装不同部位的克罗值如图9-16所示，不管是哪个地方的民族服装，其胸、背、前臂都比上臂和下半身的热阻小。特别是韩国的短袄赤古里，其袖子是宽松的式样，包括腹部在内的下半身是柔软蓬松的裙子。

（a）老挝

（b）日本（冲绳）

（c）印度尼西亚（巴厘岛）

图9-15 使用暖体出汗假人进行的民族服装评价实验

表9-3 部分民族服装的热阻与湿阻

民族服装	穿着衣物的热阻 $I/$ CLO	穿着衣物的湿阻 $Re/$ （mmHg·m²·h/kcal）
老挝 A 款	0.708	0.229
老挝 B 款	0.583	0.146
老挝 C 款	0.459	0.197
巴厘岛 A 款	0.609	0.126
巴厘岛 B 款	0.487	—
印度	0.825	0.178
韩国（春秋款）	0.940	0.493
日本 A 款	0.470	0.150
日本 B 款	1.200	0.360
中国台湾地区	0.580	—

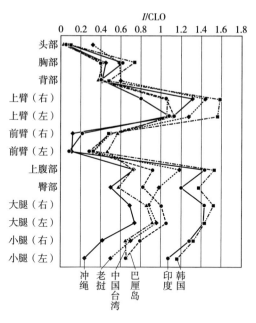

图 9-16 部分民族服装的不同身体部位的热阻

服装下面的空气层在站立状态下作为静止空气层，显示出了高隔热性能，穿起来会比想象中的还要温暖。印度的纱丽也遮盖住了下半身，形成较大的热阻，但是露出大半部分上臂，上半身与其他的民族服装相比其数值更低。此外，冲绳的芭蕉布和服面料的透气性和透湿性都很好，而且富有张力，因此空气在身体和服装之间更容易流动。日本和服通过一根带子系起来的穿着方法，显示出了较高的凉爽感。测量实验中通过老挝 A 款、B 款、C 款三种民族服装的对比，发现作为日常穿着的服装 C 款与作为正装的 A 和 B 相比保暖性较低，说明将功能性作为优先考虑的日常服装倾向于选择具有气候适应性的材料和形状。

（3）民族服装的热阻、湿阻与气候适应的关系

使用舒适气候适应区域预测公式，求出各民族服装的气候适应区域，并以此为基础，对老挝、巴厘岛、印度、韩国（冬季）4 种民族服装的气候适应区域，按各地区的平均湿度对应当地的气温进行探究，结果如图 9-17 所示。巴厘岛的民族服装是湿度 78%，对应气温为 26.6 ～ 34℃；老挝是湿度 74%，对应气温为 27 ～ 33℃；印度是湿度 53%，对应气温为 24.5 ～ 33.5℃；韩国（冬季）是湿度 74%，对应气温为 20.5 ～ 26℃，民族服装的气候适应区域随着该地区的平均气温依次下降。也就是说，各民族服装的热阻和湿阻都为了能够适应当地的气候下了一番功夫。这个结果还表明，在印度 11 月至来年 2 月的冬季，韩国 10 月至来年 5 月的春秋冬时期，只穿其国家的民族服装将会很冷，无法适应。预测在

民族服装的外面会穿着其他服装，或者需要供暖。众所周知，韩国的冬季室外气温较低，但在家中使用以火炕为代表的地暖进行取暖，所以穿着宽松的韩服并配以地暖是极为有效的取暖方法。由此可见，各地的民族服装不仅在气候方面，在材料、形状上也与当地的生活方式相呼应。

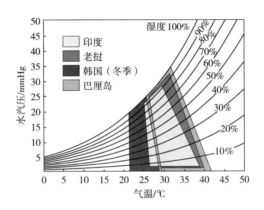

图 9-17　亚洲地区民族服装与气候适应区域

进入 20 世纪后，随着机械文明的急剧发展，社会、生活环境也开始欧洲化，西服的功能性特征受到人们的喜爱，最大的原因是西服本身已经成为一种社会规范。但是，符合各地气候的材料和形状的服装穿着更舒适、能源消耗更少也是不争的事实。今后，包括与居住、取暖等生活方式的一系列相关性在内，需要重新对民族服装所具有的特性进行审视（图 9-18）。

图 9-18　韩国暖炕
韩国传统的住房取暖方法，从地板下面的口传来的温度让整个住宅变得温暖。

9.4　日本的气候与和服文化

本书以日本的民族服装"和服"为例，试着讨论其形成原因、特征以及与气候的相关性。

（1）和服的材料和形态

说到和服的材料，虽然首先想到的是"绢"，但在很长一段时间里，日本的服装材料都是由楮、大麻、苎麻等皮纤维制成的。关于绢传入日本，在《魏志·东夷传》中有相关记载，养蚕技术被推测是在那之前的公元前 2 世纪左右出现的。

古代，丝织品因为其手感好、染织效果美妙等特征，具有税收的价值，并作为上流社会人们的服装材料被使用。大化改新后的平安时代，日本规定了男子穿束带、女子穿十二单和服作为正式服装的服饰形制，其染色之美体现在十二单的颜色重叠上，形成了灿烂的丝绸文化。此后，中国在明朝发展出了生丝的制丝、制织技法工艺，这一技术传入日本，使西阵等京都地区的高级织物变得发达起来，开创了江户时代以和服和腰带为中心的第二次丝绸文化绚烂期。

在此期间，平民的衣料中开始使用麻布。室町时代，木棉传入日本，并在日本开始栽培，其柔软的触感被大众广泛接受；江户时代，木棉作为庶民的和服面料得到广泛普及。

现在我们看到的和服虽然很美，但由于腰带很宽且束在胸部较高的位置，所以不是非常舒适，且不易适应冷热，像现在这样将和服作为外出时及礼服用的主流服装是后来演变而来的。日本的民族服装和服本来是宽松地包裹身体，垂领，袖口也宽，根据穿法的不同可以形成全身透风的构造。在此，对和服文化的成立、特征以及与气候的关联进行探究。

日本的气候特色是东亚季风气候，冬天从亚洲大陆吹来的冷风非常寒冷，日本海一侧经常伴随降雪，而太平洋一侧则刮干燥的北风。但是，夏天有炎热而且湿度高的特征。对于春夏秋冬变化明显的四季，服装是适应气候变化的重要手段，同时也成为感受四季的文化对象。在日本的居住方面，经常会提到吉田兼好的一句话，"居住环境应该先考量夏季"，那么这样的理念应用在服装中的情况又是怎样的呢？

（2）和服文化的成立与变迁

和服的基本式样"小袖"起源于 8 世纪，可以追溯到距今约 1300 年前的平安时代。当时贵族阶级的服装使用十二单，小袖作为内衣被穿着，而在平民之间是作为实用服装穿着的，后逐渐成为一种表衣（外衣），式样也趋于统一。

16～17世纪，在桃山时代至江户时代，男女都将"小袖"作为外衣的统一式样，在江户时代的后期，"小袖"也作为现代和服式样被传承下来。

和服的上半身和下半身被覆盖的布幅为同一系列的，称为"上下一片式"，身体部位用两布幅，袖子为单独一块布，领子的式样为方领同时领子部位被拉长到襟处，并稍作倾斜形成垂领。穿着时左侧领子在上，将身体包住，并用带子进行固定。桃山至江户初期的小袖，身宽衣长短，袖窄袖兜短圆，腰间是宽5～18cm的细腰带。后来，随着纺织产业的发展，染织变得更加华美，服装的长度也随之变长，袖宽、袖长也变长，和服腰带的带宽达到了35cm。和服多采用直线剪裁，装饰面较大，因此江户时代出现了丰富多彩的花纹，开启了华丽优雅的和服文化。

（3）和服的气候适应性

在日本的和服文化中，不得不提和服对气候的适应性（图9-19）。换装习俗是在8世纪平安时代作为宫中的仪式开始的，最初是在阴历的四月一日和十月一日举行，在江户时代变成了一年4次。具体规定是，在阴历四月一日至五月四日穿"夹"，五月五日至八月三日穿"单衣、帷子"，九月一日至九月八日又是穿"夹"，九月九日至次年三月三日穿含棉的衣物。"夹"是指面料里含有里料的和服，"帷子"是没有里料的麻纺织物，"单衣"是没有里料的绢或棉布和服，含棉和服是在"夹"的面布和里布之间加了薄棉。

（a）春　　　　　　　（b）夏　　　　　　　（c）秋　　　　　　　（d）冬

图9-19　日本和服文化中的换季换装版画浮世绘

图片来源：日本 MOA 美术馆官网

盛夏的帷子使用极富透气性的麻料制作而成，能适应气温处于 30℃以上、湿度高达 70%～80% 的高温多湿的日本夏天的气候特征。特别是具有代表性的夏季和服的质地，使用苎麻的细纱线作为上布，使用丝的强捻纱线进行编织，并加入罗和纱等日本特有的材料，纱线的间隙大，透气性、透湿性强，吸湿及吸水性、干燥性好，有张力，不易粘在皮肤上，是适合日本夏季服装的优质面料。麻质地和服在皮肤和服装之间存在空气层，领口和袖口也能够通风。其实在绢和棉传入日本之前，日本就有穿麻的衣文化，人们穿着透气性好的麻质地的和服，宽松透风，度过了日本高温多湿的夏天。

在桃山时代的小袖文化中，可以看到身穿宽松的小袖，用细腰带系住的松弛姿态。江户时代的平民穿着日常的和服，乍一看比现在宽松，似乎是一种宽松的状态。浮世绘中也描绘了平民穿着宽松的衣领，好似一边说着"真热啊"，一边用团扇在襟边、袖口、身体的通风口处扇着风，或者露出一截胳膊，前襟也十分宽松。

而在气温低于零度的冬天，人们会在和服的面布和里布之间加入棉花来确保保暖性，不过，在那样还感到冷的情况下叠穿也是有效的。和服的内衣和表衣的形状是一样的，而且都是在前面合拢，是容易进行叠穿的构造。说到叠穿就会联想到平安时代的十二单，其实际上是由 5 件加棉和服叠穿，加上贴身衣物，上衣和下衣通常是 8 件，多的甚至达到 12 件以上。在江户时代的浮世绘中，关于描绘冬天的场景中也可以看到 5 件加棉和服叠穿在一起的场景。

像这样的穿衣习惯，在季节变化明显的日本，特别是取暖设备贫乏的时代，被认为是能够适应环境变化的有效手段，同时也是重视季节感的日本人审美意识的表现形式，也可以认为是日本人追求功能性和时尚性结合的生活智慧。

（4）环保的和服文化及其衰落

和服是在宽约 36cm、长约 11m 的细长的一块布上，按照袖、前身、后身、衽、共襟、襟 8 个部分裁剪而成的（图 9-20）。这样的平面裁剪，在面料的有效利用这一点上，与以曲线裁剪为主的立体裁剪相比，或许可以说是更加环保的。另外，对于穿脏了、面料变薄了、破损了的和服，要重新清洗、剪裁。因为不使用曲线，由各种各样的长方形构成的成人和服，如果不能再穿着，就可以除去受损的部位，缩小形状，重新做给孩子用，或者用作衬里、襦袢、腰带，又或者用作睡衣、包袱布、尿布、抹布，一直用到最后。最后，无法使用的破烂布被烧成灰，连灰也被水溶化，用作洗衣时的"灰汁"。对环境友好的"零浪费"文化的精髓在江户时代的和服文化中得到了认可。

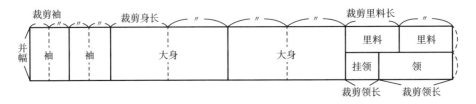

图 9-20　和服的裁剪图

　　和服的样板是直线型的，没有裁剪后的废布，有效地利用了面料。亚洲地区的民族服装大多与之相近，但是强调符合身体曲线的服装样板，容易造成很多面料的浪费。

　　然而在 19 世纪末期，从江户时代到明治时代的转变给日本人的生活带来了巨大的变化。政府主导下的行政、军事、经济、社会全方位地迈向近代化的社会进程，也涉及服装、风俗等方面，政府的基本方针是服装在外观上尽量接近欧洲国家，从和服过渡到洋装。而且在经过两次世界大战之后，和服文化发生了很大的变化，就像很多民族的服装一样，现在，和服成了新年等年度活动、成人仪式、结婚仪式等场合的仪式性穿着。在昭和 30 年代以后，随着经济增长和成衣的普及，促使社会从"服装是重新修改缝制、长时间反复穿的"向"成衣需要敏锐地捕捉潮流、不断进行更新换代"的大量生产、大量消费、大量废弃型社会的转变，时尚成为如今的消费热点和消费文化的象征。构建于江户时代的日本，得到认可的循环型生活方式、环境友好型的和服文化，似乎逐渐被人们淡忘了。

和服的纹样

　　和服的纹样多以自然为题材，以表现出季节感，具有预见性的纹样也有很多（图 9-21）。

更衣

　　平安时代，四月一日至十月一日是"更衣"的日子，这时内藏寮（宫廷中的穿衣管理机构）会奉上夏天及冬天的衣物，同时扫部寮（主要负责宫廷里的清扫工作）的官员会根据季节不同采取不同的调度方式。

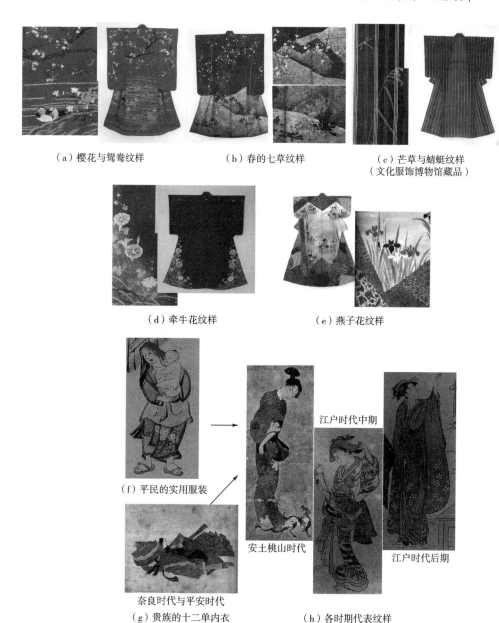

（a）樱花与鸳鸯纹样　　　　　（b）春的七草纹样　　　　　　（c）芒草与蜻蜓纹样
（文化服饰博物馆藏品）

（d）牵牛花纹样　　　　　　　（e）燕子花纹样

（f）平民的实用服装

江户时代中期

安土桃山时代

江户时代后期

奈良时代与平安时代
（g）贵族的十二单内衣　　　　　　　（h）各时期代表纹样

图 9-21　和服纹样

浴衣

说到夏天的和服就不得不提浴衣。

浴衣的语源可以追溯到"汤帷子"。镰仓时代，身份高贵的人入浴时所穿的白麻单衣被称为汤帷子。在室町时代以后，平民也开始穿浴衣，这时日本开始栽培木棉，虽然透水性不如麻，但比麻便宜，所以柔软舒适的木棉长服装被用来洗完澡后穿着。另外，这个时代在盂兰盆会跳舞时，流行穿用棉花或麻布做成的浴衣（盆帷子），这个风俗一直延续到现代。到了江户时代后半期，浴衣成为贫困百姓日常穿着的服装，被限制穿丝绸和服的町人大胆地设计出了浴衣图案，并延续至今。

洋装裁剪图（图 9-22）

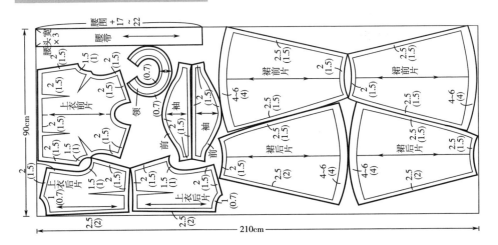

图 9-22　洋装裁剪图

绢的和服文化

图 9-23 为 1970 年在日本某所学校举办的成人仪式，年轻人都身着和服，日本的绢的和服文化在这段时期达到鼎盛，此后绢的销售额急速下跌。

图 9-23　日本一场成人仪式上身着和服的年轻人

第 10 章　不同类型的服装与气候
——从睡衣到运动服，从童装到老人服装

前文以人们日常生活中服装和气候的关系为中心进行了分析。但是，服装与人们的每个生活阶段都息息相关，根据不同的目的、TPO 发挥着不同的功能。从穿着的场合和功能来看，除了日常穿着外，还有从事各种劳动、作业时穿的服装，运动、户外时穿的服装，相反，也有休息、睡眠时穿的服装和寝具等，根据活动水平和环境的差异，服装与气候之间的关系也会发生变化。另外，从穿着服装的人的年龄来看，从婴儿、幼儿到成人，再到老人、残疾人等，由于人的年龄和性别对温热生理反应有所不同，对服装所要求的气候适应性能也不同。因此，本章将选取前文中没有涉及的服装类型，讲述它们与气候的关系。

10.1　睡眠与服装——睡衣与寝具

睡眠是为了消除一天活动所造成的身心疲劳而产生的生理需求，睡眠不足会导致身体的机能下降。睡眠是健康支撑的重要支柱，作为与人体睡眠环境密切相关的睡衣和寝具，其舒适性决定着睡眠质量。睡眠环境包括声音和光，另外，寝具对睡姿的支撑和睡觉翻身的容易度等也很重要，不过，在这里以气候适应相关的事项为中心，探讨睡衣和寝具的作用和舒适条件。

（1）生物节律与睡眠

睡衣和寝具与其他服装的不同之处在于，它们是在睡眠时，而不是在人类活动时进行使用。人体的生理机能有各种各样的周期变动，"睡觉—睡醒"周期大约以 24 小时为一个周期，这个节律是由大脑下丘脑的生理时钟内源性形成和维持的，但也受外源性（环境）的影响，特别是被光强烈照射时。睡眠节奏与其他生理条件一致，温度、血压和脉搏随着早晨醒来而上升，在睡眠中体温下降，能量代谢变慢，呼吸频率、心脏次数、血压、心脏输出量也有所变化，皮肤温度上

升，出汗量发生变化。血液中钙和钠的浓度在接近入睡时就会有所上升，并且如图 10-1 所示，在睡眠中，褪黑激素、生长激素等激素的分泌增加。因此，在设计包括睡衣、寝具在内的物品时必须要对睡眠环境有所考量，不能妨碍入睡。

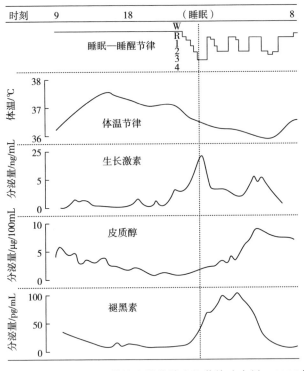

图 10-1　睡眠—睡醒节律和其他的生物节律（大川，1990）

（2）床内气候

人的体温在夜间睡眠中下降，早晨降到最低，醒来后开始上升。入睡时代谢降低，皮肤温度特别是末梢的皮肤温度上升，出汗增大，从而使体温降低0.1～1.0℃。睡眠中的人体和寝具之间形成的微小气候被称为床内气候。靠近胸部的床内气候比白天的舒适衣内气候略高，温度在 32～34℃，湿度在 60% 以下时可以说是舒适的状态。由于睡眠时的代谢比白天安静时更低，所以寝具需要比衣服有更高的保暖性。保暖性不足时床内的温度会更低，手脚和末梢的皮肤血管就会收缩，皮肤温度无法升高，导致的结果是身体散热不足，体温难以下降。冬天在脚冷的情况下，即使躺在床上也很难入睡，这是我们经常经历的事情。相反，如果床内温度过高，即使手脚血管扩张，也会因散热不足而使体温上升，妨碍体温下降的节律，从而影响睡眠质量。使用电热毯等加温的寝具时要注意温度的设定。另外，由于睡眠中出汗，床内湿度上升，人会感到闷热不舒服，身体活动增加，这时候的睡眠质量也会随之下降。睡衣、寝具需要选择具有适合气候的保暖性和吸湿、透湿性特征的物品。

　　卧室的气温和标准寝具组合如表 10-1 所示。为了评价寝具的保暖性和透水性，平板型的装置不能测定从肩膀的散热特征，所以使用暖体假人测定。如图 10-2 所示，由暖体假人测量的被子的热阻（保温性）几乎与被子的厚度成比例，也就是说，被子越厚越暖和。

表 10-1　寝具组合的基准

季节	温度 /℃	寝具
夏	25	褥子 1 件、毛巾被 1 件
春、秋	20	床垫、褥子、被子各 1 件
冬	10	床垫、褥子、毯子 1~2 件、被子 1~2 件

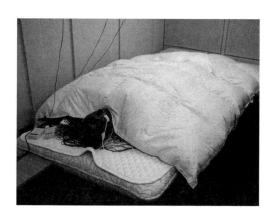
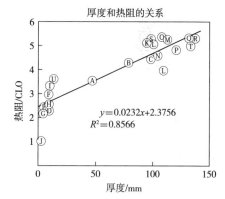

图 10-2　利用暖体假人对寝具进行热阻评价

（3）睡衣的作用和必要性能

　　日常服装是以站立时的体型为基础设计制作的，人体躺着睡觉时的体型、动作以及动作的方向都不一样，所以睡觉时换上睡衣会更舒适，睡眠质量也会更好（表 10-2）。例如，站立时肩膀的倾斜度更大，因为平卧时倾斜度变小，所以穿着西装或衬衫睡觉时肩膀会挺起，很不舒服。另外，据相关研究，人在睡眠中一晚上要翻身 20 次以上，姿势的变化和活动幅度在睡觉的时候也更大，所以需要睡衣拥有适合的容易翻身且不扰乱睡眠的构造，因此宽松的设计和容易伸长的素材更合适。另外，冬天适合保温性好、吸湿性好、手感柔软的材料。有研究表明，手感舒适的材料可以提高副交感神经的水平，产生放松感，有助于人休息入睡。夏天使用具有清凉感、透气性、吸湿及吸水性好，容易吸收汗液和污垢材质，天然、凉爽的睡衣有助于睡眠。另外，睡衣为了吸收来自皮肤的污垢，比起疏水性高的涤纶和尼龙等材料，吸湿吸水性能更高的棉和人造丝混纺等材料更适合，耐反复洗涤的耐洗涤性也是选择睡衣的重要条件。

表 10-2　睡衣的作用和必要性能（田村，2003）

作用	形态	材质
宽松舒畅	与睡姿相符（肩部倾斜）	透气性好 保温性好
吸收睡眠中产生的汗液及皮脂污垢	不干扰睡眠	吸湿性好
配合周围温度的变化	无压迫 感到舒适	摸上去柔软
方便清洗	没有多余的凹凸部分 （无装饰物或口袋）	耐洗涤

预防孩子睡觉着凉

人在入睡时，手脚会变暖，容易在睡梦中把被子踢掉。这样在第二天睡醒的时候，身体会变冷，鼻子也会发痒，同时会肚子疼。预防孩子睡觉着凉的对策就是用被子把孩子包裹起来，天热的时候也不要忘记盖着毛巾被入睡。

睡姿观察

一晚上睡姿（翻身）变化较大的时候大概有 20 次，小的睡姿变动大概有 50 次。图 10-3 为自称睡姿较好的人的睡姿变化（通过红外热像仪进行观察）。

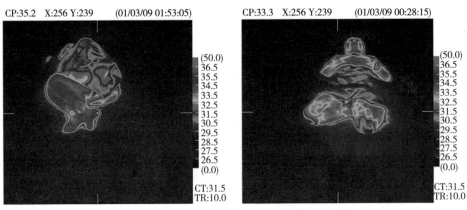

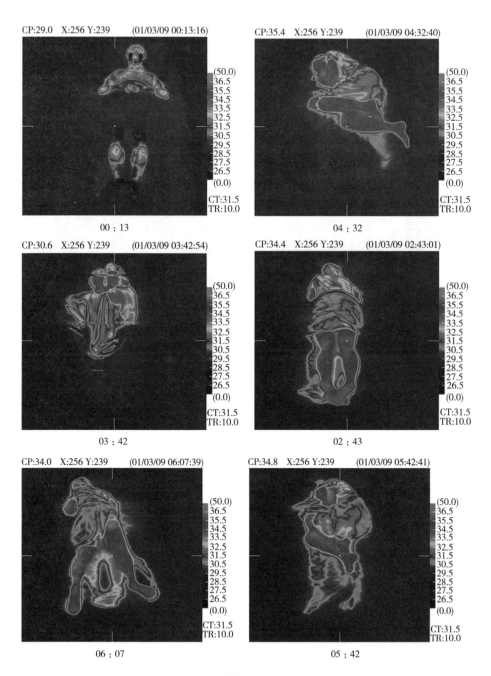

图 10-3

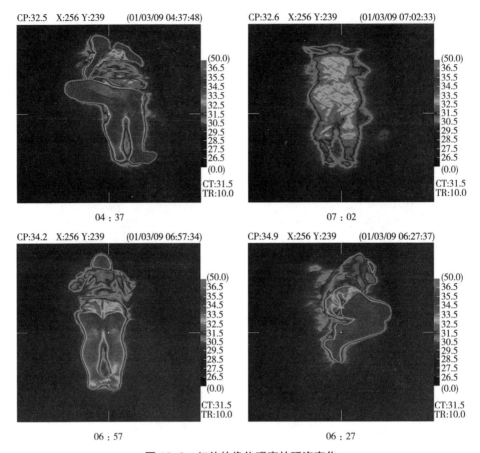

图 10-3　红外热像仪观察的睡姿变化

10.2　运动与服装——运动服、登山服等户外服装

　　参加体育运动的目的多种多样，有人为了兴趣爱好，有人为了锻炼体力，也有人旨在刷新纪录等，现在体育运动已经广泛渗透到人们的生活中。运动时穿着的运动专用服装流行于 19 世纪末的西欧国家。随着骑自行车、网球、高尔夫等运动的流行，各种体育运动不仅对男性，对女性也敞开了大门，在当时穿着拘束的女性之间，便于行动的运动专用时尚服装开始盛行。现在的运动服市场大致分为两种，一种是关系到刷新纪录和胜负的奥运会等比赛使用的运动服，另一种是日常穿用的运动服，包括可作为休闲服穿着的时尚型运动服装。对于前者，各企业展开了深入的研究开发。近年来，登山等户外运动服装逐渐时尚化，不仅是中老年人，在年轻人中也开始流行登山时尚。

运动服需要具备以下功能。

①对身体运动约束性较小。

运动服不应该是束缚身体活动的服装。运动服需要能够追随各种身体动作，采用不妨碍动作的面料和设计。例如，为了最大限度地发挥选手的能力，在田径比赛中要求不妨碍身体活动的高度的运动机能性，因此服装需要在不拘束运动上下功夫。近年来，由于开发了具有良好伸缩性的聚氨酯纤维，并通过热处理等方法开发了赋予纤维卷曲性的纤维结构，高伸缩性的纺织品和编织物也由此被广泛使用。另外，在皮肤和服装之间，或者服装之间保持良好的光滑度，使服装更加适应身体的活动也很重要。特别是出汗后，被汗水浸湿的皮肤和服装之间的摩擦增大，这样会使人体比干燥时更难活动，所以在慢跑、有氧运动等各种运动的运动服装中都要求使用具有吸汗、速干性能的合成纤维面料。

②运动时为了防止体温上升，不影响热量散发和水分蒸发。

运动时由于能量代谢加快、体温上升，出汗量也随之增多，因此要求运动服具有从衣服内向外界进行有效的散热和透水性能。近些年来，随着对吸湿散热性以及保暖性的增强，吸汗速干面料、吸湿发热面料、具有热量与水分调节功能的面料等多种多样的面料被开发，极大地改善了运动服装的气候适应性。

③能经受风雨、冰雪、严寒酷暑、强紫外线等自然条件。

在户外运动中需要保护身体免受外界气象条件的影响，根据环境和活动的变化，对保暖性和散热性有不同的要求。此外，在比赛前后和休息时穿着的冲锋衣等也需要良好的防风性和防水性。高尔夫这项运动经常处于温度、湿度、风雨等急剧变化的环境中，并会产生步行、静止、打球等不固定的运动量，服装内外均处于变动较大的条件，难以将服装内保持在舒适的状态。因此，所有制造商都专注于开发具有热量和水分调节功能的材料。例如，通过组合粗细不同的纤维、对棉和涤纶的混纺比例进行改进，实现吸汗、速干性能提升的产品，或者在肌肤侧使用吸湿性能高的毛、在外侧使用放湿性高的涤纶，旨在降低汗冷的不适感的产品等。另外，还开发了将来自身体的水分变成热量的吸湿发热材料，以及将可以随温度变化进行反应的聚合物微胶囊织入纤维中，在热的时候蓄热，在冷的时候发热，控制服装内温度的相变材料（PCM）产品。在冬季的滑雪服中，在外衣上尝试了防水性、耐水性等耐冰雪、风雨的材料，以及研究通过覆盖接缝的压胶工艺等将水或雪的浸入控制到最低程度。在运动内衣上，为了在寒冷的天气下也能得到温暖干燥的衣环境，吸汗速干性能优异、温暖轻便的隔热保温材料,在服装的内侧安装金属片,通过来自人体红外线的反射实现保温的材料,已有的吸湿、发热材料等新型材料被沿用。

在登山服的设计中,为了同时适应登山过程中的发热、出汗和休息时的寒冷,对服装的材料、组合、调节相关的周密准备有着相应的要求。例如,冬季登山时,内衣是一个问题。将具有相同面料结构的羊毛和聚酰胺(尼龙)以各种润湿状态置于两种风速下,比较热损失量,通过其结果可知,两者风速差虽小,但热损失却有很大差异。该实验表明,在登山时,如果穿着被汗水浸湿的服装处于强风下,体温会被剥夺,此时毛的内衣对于保暖更有效。

④ 保护身体免受与其他运动员等产生的物理冲击。

不仅是格斗竞技,在滑雪、滑冰等速度竞技,以及棒球等球类运动中,需要服装能够增加缓和冲击的性能,以保护自己免受与球或人的碰撞、滑动摩擦等外部冲击。

运动服的今昔变化

图 10-4 展示了 100 多年间运动服的变化,在运动服的发展过程中最重要的是发明出了更理想的聚氨酯纤维,这是一款比橡胶的伸缩性更好更细的纤维,贴合人体且便于运动。

1925年   2008年

图 10-4　运动服的今昔变化

内衣、运动服装的开发

近些年，多种多样的智能纺织品被开发，特别是吸湿伸长性纤维，由于纤维在吸收汗液等水分时网孔、纤维间的间隙会打开，所以随着出汗，透气性会变好，使用了该性能的网球服和高尔夫球服也正不断被开发出来（图 10-5）。

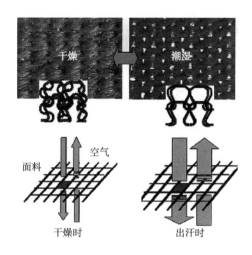

图 10-5 纤维在不同状态下的结构示意图

吸湿发热纤维（图 10-6）

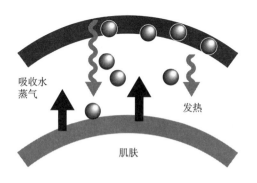

纤维吸收水蒸气，将其动能
转换为热量

图 10-6 吸湿发热纤维的工作原理

近年的户外时尚（图 10-7）

图 10-7　近年的户外时尚

图片来源：高井理提供

登山时穿着棉质内衣十分危险

由于棉的吸水性、保水性好，所以一旦被汗或雨水浸湿，干燥缓慢，而含水的棉质内衣则具有热传导和汽化热的双重效果，进而从人体带走大量的热量。

1972 年，一次在南阿尔卑斯山发生的事故中，免于冻死的一个人穿着的是羊毛内衣而不是棉质内衣，之后也有新闻报道了类似的例子（表 10-3）。

表 10-3　南阿尔卑斯山事故中遇难者的穿着

遇难者	上衣	内衣
Z（死亡）	防风衣、作业服、毛衣、开衫	棉质贴身内衣
B（死亡）	防风衣、绗缝棉服、开衫	棉质贴身内衣
Q（死亡）	防风衣、毛衣、开衫	棉质贴身内衣
P（死亡）	雨衣、绗缝棉服、毛衣、开衫	棉质贴身内衣
A（幸存）	绗缝棉服、运动衫	羊毛贴身内衣

除了上述功能，毫无疑问，耐洗性优异，易于管理也是重要条件。

10.3　特殊环境与服装——防护服

消防服、化学防护服、防辐射服等用于各种特殊环境中的防护服，其目的是保护人体免受热、辐射等有害的物理刺激以及化学、物理的有害物质环境的影响，防止对劳动者的健康造成损害。为了防止气体、水蒸气、粉尘等微小物质的渗透，几乎所有的防护服材料都具有不透过性、不透气性，形态上也尽量减少开口设计，以形成密闭的形态。因此，这些防护服即使在正常的温度条件下穿着也容易闷热，并且根据环境温度和劳动强度，也容易发生诸如中暑等健康问题。实际上，在夏天的消防现场，由于穿着防火服导致的中暑频繁发生，甚至有重症患者被送往医院的案例。另外，石棉去除作业等通常集中在夏季进行，而且由于防止粉尘飞散的洒水也会使环境湿度急剧上升，也有关于作业中发生中暑情况的报告。此外，在食品的制造加工现场伴随着火的使用，因此也存在由炎热引起的疲劳问题。

本书实验使用出汗暖体假人测量了各种材料和形状的防护服的热阻和湿阻，并研究了该材料与热阻和湿阻的关系（图 10–8）。结果表明，防护服的热阻等因服装的形状和材料有差异，服装的湿阻受材料湿阻的强烈影响。根据防护服的使用环境，可以考虑通过充分利用这些来确保热舒适性。但是，由于防护服要求具有高阻隔性，还须配备帽子、面具、钢瓶、手套、长靴等装备，因此全身密闭型且穿着舒适的防护服开发是有一定局限性的。

图 10–8　采用出汗暖体假人 JUN 进行的消防用防护服的舒适性评价（田村，2005）

作为解决化学防护服热问题的手段，需要设计和开发防护服内部的空调系统。目前比较简易的有在防护服的口袋中放入保冷剂或 PCM 材料等进行冷却的方法，利用压缩空气旋转时的绝热膨胀、将产生的冷风吹入工作服内的清凉服装，使冷水在特殊服装内循环的全身冷却法等（图 10-9）。

图 10-9　防中暑空调服

图片来源：空调服株式会社提供

其他常见防护服

防护服保护人们免受生活中的各种危险，是从事相关作业人员的必需品（图 10-10）。

预防禽流感的防护服　　　　　石棉去除作业的防护服　　　　　处理二噁英的防护服

图 10-10　其他常见防护服

10.4　年龄与服装——婴幼儿服装、老年服装

日本很久以前有一句谚语，"奶奶养大的小孩是虚弱的"。可以解释为，

人体的基础代谢量随着年龄而变化，对环境的冷热感觉也随之变化。如前文中提到的日本人不同年龄、性别的平均基础代谢量（表 3-1）所示，婴幼儿的单位体重的代谢量高，相反，老年人的代谢量随着年龄的增长而降低。儿童在代谢量高散热量也高的状态下，为了保持体温，可以穿得比大人薄，并且儿童的活动较为剧烈，基础代谢加上运动能量大，所以容易感到热。相反，代谢低的老年人为了抑制散热量，不仅需要穿厚服装，而且由于活动量少，经常处于静止状态，所以更容易感到寒冷。如果老年人根据自己的感觉给孙儿穿服装，就容易穿得过多，即无法培养儿童适应寒冷的能力。在这里，让我们观察一下由年龄导致的人体温热生理反应的差异与衣物选择的关系。

（1）婴幼儿服装

婴幼儿的皮肤新陈代谢活跃，出汗的汗腺密度高，所以服装容易湿润。无论夏冬，婴幼儿内衣需要具备以下条件：吸湿性和吸水性优异，容易吸收汗和污垢，具有耐洗性，能够保持皮肤清洁；另外，由于儿童活泼好动，所以应该容易伸缩、透气性好。还要注意，冬季汗湿会导致发冷，保温性也会显著降低；同样，湿的尿布在冬季的户外会变得非常冷，因此需要经常更换。

由于儿童的皮肤薄而柔软，因此有必要注意材料。柔软的材料不仅不会摩擦或伤害皮肤，还会增加儿童的副交感神经活动（自主神经活动之一，可以提升放松感），具有在生理和心理上进行安抚的效果。

保温的基础是身体躯干部（胴体）。由于保暖性与服装中所含的空气量有关，因此一般通过调节织物的厚度，或增加薄衣物的层数来进行调节。由于儿童的体型是上下呈直线型的桶状体型，因此如果穿着衬衣和裤子等上下分开的服装，很容易导致腹部暴露在外，而且紧绷的腰部松紧带会妨碍儿童的胸腹式呼吸，因此严禁使用。在考虑适度的松紧带强度的同时，也要考虑足够衬衣的长度和裤子的形状。

在户外会吹到风，即使没有风，行走、跑步、骑自行车等行为也会产生风。由于风侵入服装会大大降低服装的保暖效果，所以冬季外衣采用不易透风的材料，颈部处散热较大，可以用围巾或风帽调节。关于婴幼儿服装的保暖性和散热性的研究较少，我们制作了婴幼儿出汗暖体假人，用于测定各种婴幼儿服装的热阻、湿阻，并对乘坐婴幼儿车时的热应激进行了研究（图 10-11）。实验结果证明，由于婴幼儿车靠近地面，会接受来自地面的辐射热，因此比起成人头部的高度，冬季温度低，夏季炎热，推婴幼儿车外出时也需要考虑到这一点。

 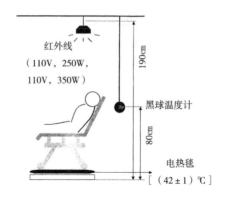

红外线

（110V，250W，
110V，350W）

190cm

黑球温度计

80cm

电热毯

［（42±1）℃］

图 10-11　乘坐婴幼儿车时的热应激（姜博士和田村，1991）

（2）学童服装

我们的研究团队常常会接到小学保健教师的咨询，他们关心是否有小学生的标准穿衣量数据。为此，我们首先调查了小学生的实际穿衣量，以及请8~9岁的男孩和女孩各5名来到大学的人工气候室，测量了气温从28℃变化到22℃，以及从28℃变化到34℃时的体温、皮肤温度、代谢出汗等体温调节反应。但是，由于没有找到能够定量测量小学生儿童服装保温性的装置，因此当时正在攻读博士课程的金博士根据小学生平均的体型与形态，手工制作了一个出汗暖体假人，用它测量和评价儿童穿着的服装的保暖性（图10-12）。这里虽然省略了结果的详细内容，但根据儿童的体温调节反应预测的必要穿衣量，与实际调查的结果几乎一致，如图10-13所示，并根据实验结果提出了气温与穿衣量标准的提案。

图 10-12　小学生形态的暖体假人（金博士和田村，1997）

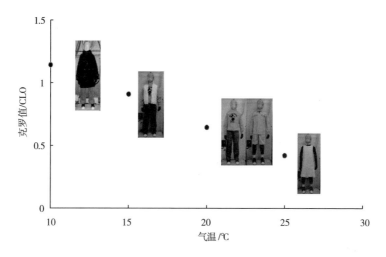

图 10-13　气温与学童必要穿衣量的标准（金博士和田村，1998）

由此可见，儿童具有几乎接近成人的体温调节功能，但体表面积大，服装的克罗值也与成人不同。前面已经提到了成人的舒适克罗值预测，但对于小尺寸的儿童，就不能应用成人的公式了。可以说这是今后的课题。

（3）老年人服装

老年人不仅肌力、体力下降，而且以体温调节为首的自主神经功能也下降。如图 10-14 所示，老年人在寒冷时皮肤血管的收缩反应延迟，容易引起低体温症，相反，在暑热时，出汗反应延迟，容易引起热症或中暑等。另外，老年人的血压在炎热或寒冷时有逐渐升高的趋势，与年轻人相比，更易受气温变化对血压变化的影响。从温暖的房间移动到寒冷的房间，或在浴室脱下衣服时突然的温度变化，很容易引起脑卒中等循环障碍。服装细微的气候调节对健康管理很重要。众所周知，视觉、听觉、嗅觉、味觉等人体的感觉会因老龄化而降低，而影响服装舒适感的皮肤感觉也会发生很大变化。如图 10-15 所示，温、冷等皮肤感觉随年龄显著钝化，同时，大腿和脚的皮肤感觉钝化较躯干明显，腹部较后背明显。这会导致意想不到的伤害，如由暖炉和怀炉等引起的低温烧伤等，并且伴随着触觉和压力感觉等的降低，还会导致灵活性降低。另外，老年人的皮肤表皮较薄，比年轻人脆弱，对皮肤的压迫摩擦等容易产生事故。

因此，老年人服装尤其要求能够避免这样的风险。

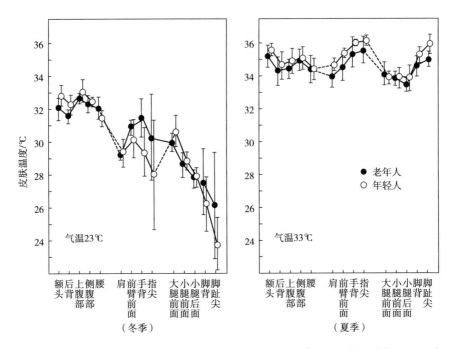

图 10-14　随环境气温变化的老年人皮肤温度分布变动（渡边、田村和志村，1981）

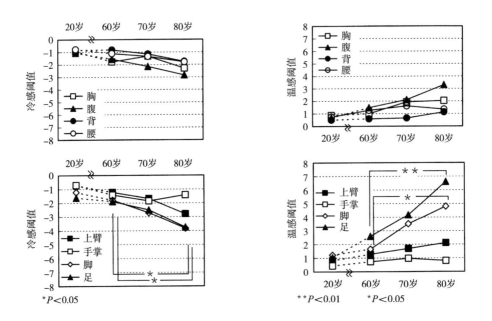

图 10-15　伴随老龄化的皮肤感觉的钝化（内田和田村，2007）

小学生形态暖体假人的开发

图 10-12 所示的小学生形态暖体假人是可移动型出汗（排尿）暖体假人，制作这个模型的是当时正在攻读博士课程的姜博士。我和姜博士一起在德国多特蒙德的学会上发表了利用这个模型进行的研究，并获得了当年的发表奖。

孩子天性不怕冷

图 10-16 显示了将室外空气温度从 28℃降至 17℃时，少年和青年产热量与直肠温度变化的结果。

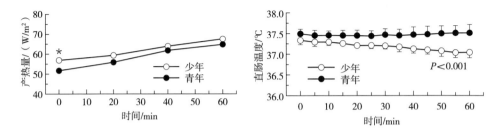

图 10-16　少年与青年在寒冷环境下的产热量与直肠温度变化情况（井上，2003）

由此可知，孩子的皮肤温度，特别是四肢的皮肤温度最早下降，从此时的产热量和直肠温度的变化来看，蓄热增加较小，而且体温下降大。可以认为是因为孩子的体表面积比体积大。并且孩子因为活动得更激烈，因此通常穿得很薄，但这是与在安静的状态下进行的比较，那么就不能说孩子天性不怕冷了。

老年人的着装要点

①重量轻，对身体的负担小的衣物。
②触感柔软，反面平整。
③宽松、活动方便的衣物。
④易于穿脱的结构的服装。
⑤通过简单穿脱便可调节冷暖的衣物。

第 11 章　环保时代的气候与服装
——清凉商务等举措的推进

在考虑气候与服装之间的关系时，我们不能不关注作为其背景的环境问题。

20 世纪 60 年代，日本出现了环境问题，由于经济快速增长，大气和水污染等各种环境问题显现。为了应对这一情况，1967 年制定了《公害对策基本法》，1970 年制定了《废弃物处理法》，1971 年成立了环境厅。此外，第一次石油危机（1973 年）和第二次石油危机（1978—1979 年），促使日本直面环境和能源问题，此后，以 1993 年的《环境基本法》为代表，制定了一系列有关环境问题的法律。经过一段时间，1997 年在日本京都举行的联合国气候变化框架公约第三次缔约方大会上通过了《京都议定书》，规定了发达国家有义务制定减少和控制温室气体的目标量和实现时间，这是非常值得关注的。在这个背景下，时尚界也提出了 3R 原则，即减量化（Reduce）、再利用（Reuse）、再循环（Recycle），推动资源的再利用，同时还如图 11-1 所示，推进了各种措施。作为防止全球变暖（图 11-2）对策的能源消费抑制推动了相应的清凉、温暖商务，以及服装商品的生命周期评价（Life Cycle Assessment，LCA）等。

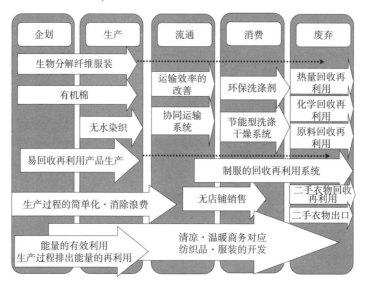

图 11-1　时尚界对环境问题采取的行动（田村等，2011）

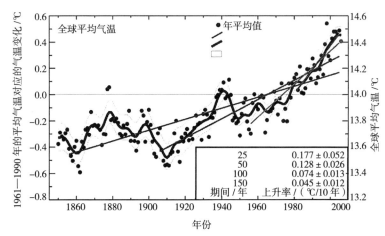

图 11-2　1860—2000 年世界平均气温变化情况

11.1　清凉商务的推进及其影响

为了节能，在推广清凉商务之前，便已存在轻装的尝试。第二次石油危机后的 1979 年，当时的内阁总理大臣大平正芳为了抑制空调产生的能源消耗，提议穿短袖西装，倡导"节能着装"。随后，当时的日本首相羽田孜也在夏季穿着短袖西装上班，旨在强调"节能着装"（图 11-3），但消费者几乎不买账，就这样，试图以政治意图推动时尚的尝试以失败告终。《京都议定书》生效的 2005 年 6 月，环境厅再次提出了与"节能着装"相同的理念，即旨在节约冷气能源消耗、减少二氧化碳排放的服装轻便化运动——"清凉商务"（Cool Biz，这个词语是由有"凉"和"帅气"意思的"Cool"和有商务意思的"Business"的缩写"Biz"构成的）（图 11-4）。清凉商务是指，在夏季，即便是处于已达到办公室卫生标准规则规定的室温上限，28℃的空调房中适合穿的轻装，在商务场合下也允许穿着不系领带和外套的运动。

为了呼吁当时环境厅的提案，当时的部分领导还身穿日本冲绳流行的夏季衬衫"嘉利吉"上班，同时，为了进一步推动节能而设置的"团队减少6%"推进部门还邀请了各界名人，举办了清凉商务的时装秀，携手媒体开展了一场大型活动。"清凉商务"理念更强调概念而非外形，与之前的半袖西装代表的"节能着装"理念不同，1年后的认知度达到96.2%，近90%的消费者采取积极的态度。环境厅 2010 年 9 月公布的数据显示，清凉商务的认知度达到93.6%，61.8% 的公司提高了空调的设定温度，基于此预估的 CO_2 减少量约为 172 万吨（相当于约 385 万户家庭 1 个月的 CO_2 排放量）。另外，通过清凉商务的实施，衣物的置换经估算为日本带来的经济效应超过 1000 亿日元（图 11-5）。该运动还进一步扩展出了"温暖商务"（Warrm Biz）运动，即将秋冬时室内的采暖控制在 20℃时，穿着温暖且易于工作的服装。

图 11-3 提倡穿短袖西装上班的"节能着装"（1979 年）

图 11-4 2005 年日本环境厅发布的清凉商务活动

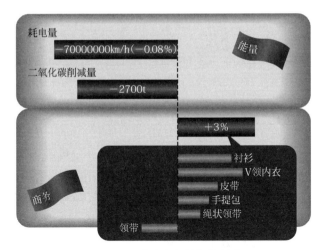

图 11-5　清凉商务的经济效应

　　日本的清凉商务运动也蔓延到了海外，中国、英国、意大利和西班牙等国家进行了类似的尝试，联合国总部也推行了将会议室的温度从 21℃提高到 24℃ 的 "COOL UN" 措施等，对很多国家都有很大的影响。据悉在 2007 年全球环境行动会议上，获得诺贝尔和平奖的政府间气候变化专门委员会的拉津德·帕乔里主席对清凉商务称赞有加，他在演讲中说道："抑制全球变暖不仅需要改善技术，还要改变生活方式。日本的清凉商务向世界做了一个很好的榜样。"

　　我们的研究室持续开展第 2 章介绍的街头观察，特别对 2001 年、2006 年、2011 年夏季穿衣情况的变化进行了观察比较。结果如图 11-6 所示，领带的穿着

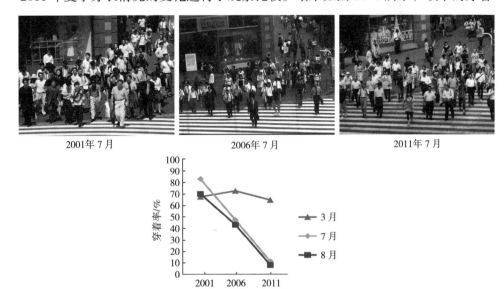

图 11-6　领带的穿着率变化（李和田村，2013）

率从 2001 年的 80% 减少到 2011 年的 10% 以下，外套的穿着率也从 20% 减少到 10% 以下，可以认为至少 7 月、8 月的清凉商务确实得到了普遍应用。

11.2 针对清凉商务的意识调查

清凉商务运动中设定的温度为 28℃，相当于有关确保建筑物卫生环境的法律（通称建筑物卫生法、大楼管理法）的管理标准中规定的范围上限（17 ~ 28℃），于 1970 年制定，但后来，三浦表示，"因为 1979 年的第二次石油危机，节能成为重要政策，指导采暖温度在 18℃ 以下，制冷温度在 28℃ 以上。然而，这是从石油节约角度得出的数字，没有生理或卫生依据"。也就是说，虽然清凉商务运动的想法具有说服力，但 28℃ 的标准并没有依据，还留有考虑的余地。

因此，我们从今后更积极、更稳定地推进清凉商务运动的角度，对日本的上班族如何理解清凉商务这一问题进行了意识调查，同时还尝试对不穿外套、不打领带的效果进行实证，以及对近年来开发、销售的清凉商务商品进行评价。

问卷调查的时间为 2009 年 9—11 月，对居住在日本的 120 名 20 ~ 60 岁的男性上班族发放了调查问卷，回收了 95 份（回收率 79%）。此外，还在互联网研究网站上提出了同样的问题内容，并获得了 5 个回答。回收的 100 名对象的年龄构成为 20 岁、30 岁、40 岁、50 岁、60 岁的年龄段，分别占 32%、31%、10%、23%、4%。问题项目除年龄、地址、工作地点、职业、交通工具外，还包括夏季通勤服装的持有、穿着的实际情况和温冷、舒适感觉，以及夏季商务服装允许的服装范围。

从结果来看，即使是推行清凉商务 4 年后的 2009 年，夏季穿西装的次数为每周 "4 ~ 5 天" 的最多，占 52%，回答理由最多的是 "因为对对方和周围环境不礼貌" "因为是公司决定的"。对此，感到不舒适的人达到 89%，理由多为 "热" 和 "闷"。如果限定在办公室内，感到 "热" 和 "温暖" 的分别为 29%。多人回答的清凉商务对策为 "不打领带" 和 "不穿外套"。另外，让调查对象从表 11–1 中选择可接受的夏季商务服装风格，可多选的结果为，搭配裤子的第 1 名为白衬衫和领带，第 2 名为白衬衫、领带和夹克，第 3 名为半袖衬衫，第 4 名为白衬衫、领带、背心和夹克，第 5 名为长袖白衬衫，对更加轻装风格的支持较少。根据 ISO 9920 求出这些组合的服装的克罗值，以坐办公室工作的人为前提，在代谢量为 1met、湿度 50%、气流 0.1m/s 的条件下，从相当于 SET*22.2 ~ 25.6℃ 的气温范围，或同等条件下皮肤湿润率为 0.25 的气候适应区域求出该服装的舒适范围。结果表明，无论哪种方法，能够舒适工作的气温上限约为 27℃。从上班族对服的容忍度来看，建议对 28℃ 进行再次审视的同时，还对服装界提出进一步开发材料以解决这种差异的课题。

表 11-1　清凉商务的允许范围（田村和李，2012）

款式图	CLO	款式图	CLO	款式图	CLO	款式图	CLO	款式图	CLO	款式图	CLO
	1.04		0.86		0.53		0.52		0.63		0.85
	0.47		0.56		0.72		0.56		0.58		0.31

款式图	CLO	款式图	CLO
	0.73		0.50
	0.34		

11.3　企业针对清凉商务和温暖商务的举措

以 2005 年推出的清凉商务和温暖商务为契机，对高性能且舒适的服装产品的社会性需求不断增加。与此相呼应，各企业研发推出了宣称吸湿发热、吸水速干、接触冷感、轻量保温等各种高功能的商品，如吸汗速干内衣、衬衫面料的开发，提倡凉爽、透气的商务套装，即使出汗也能够水洗的清凉舒适的商务套装等。然而，有批评指出这些服装的评价方法尚未完全建立，如果证据的模糊性最终导致消费者的失望和不信任，那么担心这样的市场盛况不过是一时的。为了日本的纺织工业能够继续在世界高功能服装领域占有一席之地，建立对开发产品的客观评价方法被认为是一个重要问题。因此，我们也尝试定量评价这些产品与传统产品相比具有多高的气候适应性。

测量对象为 2007 年购买的一般夏季西装（以下简称传统产品）和 2010 年夏季 3 家公司销售的对应清凉商务的在售产品（以下简称开发品 A、B、C），均为夹克、裤子、长袖衬衫、短袖衬衫 4 种单品。A 公司为采用异型截面纤维的吸汗速干套装，B 公司为宣传可水洗的羊毛混纺面料，C 公司为亚麻制的吸汗速干夹克配棉质面料的裤子。在对组合服装进行评价时，各个公司开发的夹克、裤子和衬衫都搭配了同样的内衣、T 恤、内裤和袜子，以及同样的领带和腰带。

测定项目为面料的厚度、透气性、接触冷感、服装重量、各服装单品的克罗值，以及组合穿着时的克罗值。克罗值的测量采用了前文介绍的日本成人男子标准尺寸的暖体假人。人工气候室环境条件为温度 20℃，湿度 50%，气流 < 0.2m/s。

结果如图 11-7 所示，通过暖体假人测定的单品西服的热阻为传统产品最高，为 0.42CLO，其次是 B 公司的 0.34CLO，C 公司的 0.25CLO 和较低的 A 公司的 0.24CLO，即所有开发产品均比传统产品凉爽。衬衫类与传统产品的 0.24CLO、0.26CLO 相比，A 公司为 0.19CLO、0.17CLO，C 公司为 0.20CLO、0.20CLO，B 公司为 0.17CLO，除 B 公司的长袖为 0.27CLO 外，其余均小于传统产品。从每个单品的克罗值来看，会明确地发现所有公司都在为寻求凉爽而进行开发，并且在推广清凉商务时，基于定量的依据的开发才是最重要的。将它们作为整体穿在暖体假人上时，通过实际测量综合热阻的结果也可以发现，相对于传统产品的 0.83CLO，A 公司为 0.78CLO、B 公司为 0.74CLO、C 公司为 0.74CLO，均显示出较低的值。今后，在透气性的评价上，可以通过对假人吹风等评价方法，来进一步确认开发效果。

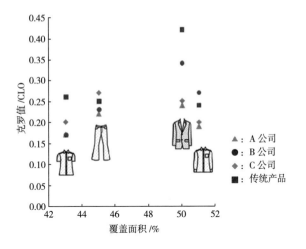

图 11-7 单品西服的热阻（田村和李，2013）

　　清凉商务、温暖商务运动对于低环境型时尚文化的创建非常有效，企业也开始了相关的努力。2012 年还出现了进一步推广轻装的超级清凉商务运动，但从上班族社会的现状，以及时尚仍然建立于较强的社会规范之上这一点来看，未来需要确立以考虑环境为前提的新的服装规范。

11.4　针对服装产品的 LCA 举措

　　在现代日本服装业，还有另一个减少环境负担的运动，即使用 LCA 对服装产品的环境荷重定量分析。LCA 是指通过产品获得益处时，定量评价在该产品生命周期内的投入资源、环境负担以及它们对地球和生态系统的环境影响的方法。通过对各种产品"从诞生到废弃"进行定量评价，这种旨在将生产转移到环境荷重较小的方向的方法，其原型是可口可乐公司 1969 年以饮料容器为对象进行的研究。从 1997 年到 2000 年发行了有关 LCA 的国际标准，现在在 ISO14000 体系中，明确了 LCA 的定位，即原则、框架、实施方法。LCA 也被引入日本的许多工业领域中，如运输设备、电器产品、食品、材料、包装、容器，而时尚相关领域虽然有延迟，但也开始了相关的努力。

　　例如，A 公司在印度生产和纺织棉花，通过渡轮运送到日本后，进行编织、染色和缝制。在此，以 T 恤为对象，将使用棉花的传统产品制造过程，与使用有机棉进行环保生产的新产品的制造过程进行比较，从 A 公司的 LCA 分析和评价结果来看，每件传统 T 恤的 CO_2 排放量为 4.76kg，环保产品的 CO_2 排放量为 2.64kg，差为 2.12kg，即每件减少约 45% 的 CO_2 排放量。A 公司在这些研究过程中指出，服装染色阶段的荷重大，特别是化学纤维只能在高温下染色，这是化学纤维与天然纤维相比 CO_2 排放量大的主要原因。另外，关于产品的颜色，与浅色衣物相比，深色衣物长时间浸泡在染料中，且洗净需要大量的水，CO_2 排放量大。此外还指出，在原料阶段，1111g 的棉花对应 220g 的 T 恤，A 公司对如何把握最终成品时的损失，以及如何评价棉花种植期间的农药喷洒等并没有特别考虑，这些都是今后的课题。

B 公司则在推进制服的回收再利用，包括：回收再利用原料的使用；裁剪废料的回收再利用；用过的制服的化学回收的生产过程对减少温室气体的排放如何产生影响，都使用了定量化的 LCA 调查。结果显示，上述所有过程都对环境负荷有影响，从整个生命周期的 CO_2 排放量来看，传统产品为 21006kg，改善产品为 18040kg，改善了 2966kg，约 14% 的减少效果。

以上介绍了 2 家公司的 LCA 分析事例，通过分析，明确了分阶段定量把握环境荷重、明确改善点的优点。但是还留存一些课题，包括如何在评价中反映产品使用阶段的易护理性、耐久性、时尚的可持续性等，以及如何思考时尚的价值性和环境荷重性之间的关系等。

综上所述，我们介绍了针对时尚和环境问题的措施，总结如下。

①从生产的角度来看，如何以低环境荷重的方式推进优质且吸引人的时尚的开发和生产是一个课题，对此证明 LCA 是一种有效的研究方法，需要通过 LCA 进一步审视和改善。目前正在研究可以将这个结果以消费者能够看到的形式进行显示，即碳足迹的显示化，虽然一部分实现了显示，但诸如如何反映消费阶段的处理和寿命的估计等课题还有很多，今后还需要进一步研究。

②从社会角度来看，随着全球变暖，源自欧洲的现代时尚服装规范不一定适合亚洲、非洲等地区和气候。为了最大限度地降低空调的能耗并享受健康舒适的时尚，通过服装适应气候是必不可少的。为此，开发适合各地区气候、风土的材料和形态是今后的课题，可以考虑各地区和各国独特的服装规范。日本的清凉商务运动，可以说是一次抛砖引玉的尝试。

③从消费者的角度来看，希望重新了解将和服使用到最后并循环处理的日本的和服文化。2005 年 2 月，环境领域首位获得诺贝尔和平奖的肯尼亚前环境和自然资源部副部长旺加里·马塔伊（Wangari Muta Naathai）在访问日本时，

对日语"可惜"（Mottainai）这个词印象深刻，认为这个词直接概括了环保"3R"理念，发言号召，"把'可惜'这个词变成世界通用环保理念"，"可惜"表达了一种"尊重存在的东西，但它没有发挥自身的价值而白白浪费，对此感到十分可惜"的心情，是日本自古以来对自然环境的态度，正是前文江户时代体现出的循环型社会、低环境荷重生活方式的基础思想。近年来，随着日本对环境问题的关注持续高涨，时尚回收店以及个人展示的"跳蚤市场"的用户也在增加。另外，非营利组织（NPO）和地方政府也在尝试建立回收再利用系统，同时作为其接受方的纺织制造商也在推进化学回收再利用技术的改革。在考虑时尚与环境荷重之间的关系时，首先要珍惜现有的资源，为此，要重新考虑商业时尚的短周期化过程，通过再利用、再循环，珍惜地穿着真正舒适的时装直至不能再穿，相信这样才会推动从资源采购到处置的整个过程的环境负担的减低。

终章　近未来的时尚

谈到时尚时，联想到颜色、形状、品牌等设计点十分容易，但 2011 年东日本大地震，以及伴随的东京电力核电站的辐射事故之后，旨在适应气候的高功能时尚的动向在时尚界活跃起来。例如，在对面料和环境非常讲究的三宅一生的时装展上，出现了以"冬季的智慧和机动力"为主题的保暖性极佳、轻便且易于活动的新面料的服装。该材料使用美国国家航空航天局（NASA）开发的极限薄膜，1 件 500g 外套具有 5 ~ 6 条毯子的保温能力。另外，优衣库推出冬季保暖内衣的同时，还开发了"Air Rhythm"系列夏季内衣，实现了极细纤维和吸汗速干性优异的产品商业化。此外，为了应对夏季出汗，纤维制造商 Seirenw 公司研发了通过将多孔陶瓷织入布料中吸收臭味，并使用金属离子分解制作除臭功能的面料，"Deoest"技术便开发用来制作除臭内衣。

像这种时尚的服装，是将服装作为适应环境手段的意识的开始。从内衣到外套，从睡衣到日常服装，从运动服到各种防护服，在所有这些的设计和选择中，服装与气候的关系前所未有地成为生产者和消费者双方的重要考虑点。但是，对于服装与气候关系的定量而言，还有许多问题仍然存在。例如，舒适的穿衣量和怕热怕冷等个人差异的关系，从婴幼儿、学童到青年、壮年、老年的各年龄段和各季节的舒适穿衣量的关系，各种疾病和服装的关系，以及紫外线、花粉、霉菌、螨虫等的应对方法和健康的关系等。今后仍需持续致力于这些研究，明确服装作为适应气候的手段所需的功能。

在不久的将来，随着科学技术的进一步发展，如果可以使用更小型、更轻量的微能源，试想一下，可以前往任何地区旅行并适应当地气候的"任意套装"、酷暑时节也能保持凉爽的"防中暑衬衫"、能够轻松进行消防活动的"凉爽消防服"、严冬时节在室外观看比赛也能保暖的"观战夹克"等能够随身携带的差异化调节服装或许将成为可能。这也是作者正在认真研究的方向。

然而，服装不仅仅要求功能性，这才是服装的真实意义所在。就像人类进化之初那样，服装代表穿着者的人性，包含社会和文化的时代性、个性，希望无论服装的功能多么优越，都不要限制人们的个人选择，都不要变得只能穿国民制服，更不要变得不得不穿防辐射服。我们无论在哪个时代都应热爱自然，在细腻感性的同时享受着换装的服装文化。

参考文献

［1］日本家政学会被服衛生学部会編：「アパレルと健康」井上書院（2012）

［2］彼末一之監修：「からだと温度の事典」朝倉書店（2010）

［3］西安信（主査）他：「新版快適な温熱環境のメカニズム―豊かな生活空間をめざして」（社）空気調和・衛生工学会（2006）

［4］田村照子編著：「衣の科学シリーズ―衣環境の科学」建帛社（2004）

［5］道明美穂子・田村照子編：「アジアの風土と服飾文化」（社）放送大学教育振興会（2004）

［6］吉野正敏編バイオクリマ研究会著：「気候風土に学ぶ」学生社（2004）

［7］平井東幸編著：「図解 繊維がわかる本」日本実業出版社（2004）

［8］睡眠文化研究所・吉田集而編：「ねむり衣の文化誌」冬青社（2003）

［9］岩村吉晃著：「神経心理学コレクション―タッチ」医学書院（2001）

［10］文化学園服飾博物館編：「世界の伝統服飾」文化出版局（2001）

［11］本宮達也著：「ハイテク繊維の世界」日刊工業新聞社（1999）

［12］島崎恒蔵編著：「衣の科学シリーズ―衣服材料の科学」建帛社（1999）

［13］デズモンド・モリス著（日高敏隆訳）：「裸のサル」河出書房新社（1998）

［14］牧島邦夫著：「衣服の科学―ヒトと衣服との関係」東海大学出版会（1995）

［15］入来正躬編：「体温調節のしくみ」文光堂（1995）

［16］小川徳雄著：「新・あせのはなし」アドア出版（1994）

［17］佐藤方彦編著：「生活科学のすすめ」井上書院（1988）

［18］田村照子著：「基礎被服衛生学」文化出版局（1985）

［19］小川安朗編著：「カラースライド―民族服飾の体系」衣生活研究会（1979）

附录

附录 1 通过"街头观察"看到的清凉商务的着装效果

2001 年 7、8 月领带的穿着率为 80%，但 2011 年降为 10% 以下，外套的穿着率也从 20% 降为 10%。"街头观察"指的是作者与学生们在新宿地铁站南口的十字路口处实施的定点观测。

从图中可以看出，3 月的穿着率变化不大，但 7、8 月有显著下降。详细内容见正文第 11 章。

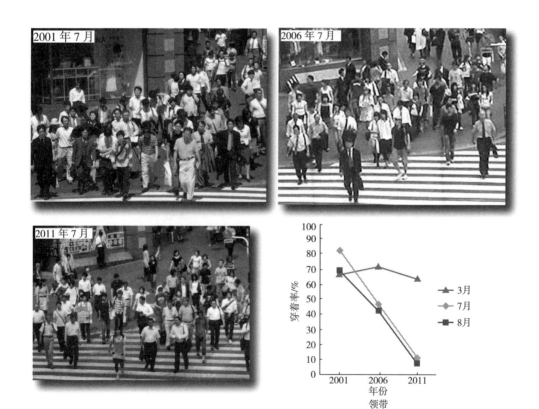

附录 2　世界民族服装与气候类型图

　　民族服装与气候风土之间存在着密切的联系。

　　服装在保持着与寒冷地区、温暖地区、炎热地区等自然环境相适应的基本形态的同时，也传承着各民族的社会和文化传达出的独特的表现形式。详细内容见正文第9章。

韩国赤古里裙

传统韩服

墨西哥瓦哈卡州服装

印度尼西亚松巴岛服装

印度尼西亚日惹市服装

危地马拉共和国服装

捷克波希米亚地区服装

蒙古国服装

中国苗族服装

也门共和国萨那市服装

印度拉贾斯坦邦新娘与新郎服装

各城市的平均气温和降水量如下。

· 右轴：柱状图为月平均降水量 /mm

· 左轴：曲线图为月平均气温 /℃

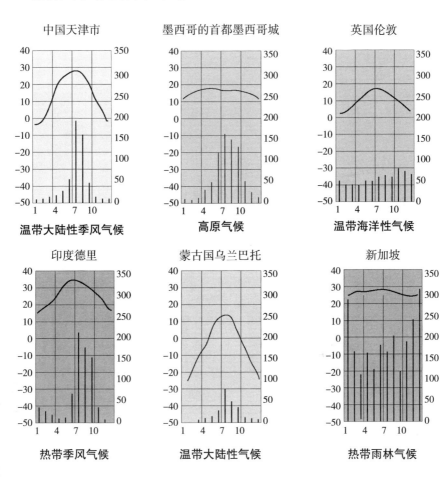

附录 3　与气温相适应的标准着装

下列图画为从 –10 ~ 32℃的标准着装组合。详细内容见正文第 8 章。

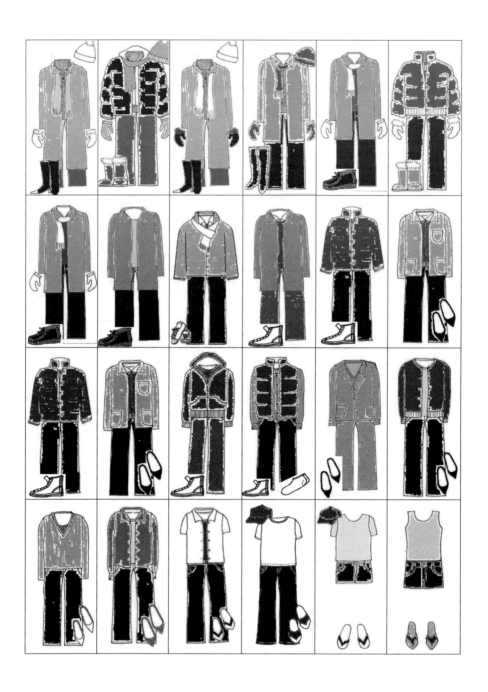

后记

　　本书的许多内容是笔者在文化学园大学（前文化女子大学）工作 45 年多的时间内，与多位同事、本科生和研究生一起研究的结果。在此，我再次向支持我的大学，以及各位共同研究的学者表示深深的感谢。此外，我还引用了许多已经出版的书籍和研究成果。虽然不能网罗所有的文献，但借此机会深表感谢。最后，向耐心等待本书出版的《气象图书》出版企划编辑委员会表示感谢，并向一直鼓励我执笔的成山堂书店表示衷心的感谢。

田村照子

2013 年 11 月